Thorsten Morawietz

DAS VERSUNKENE KÖNIGREICH

Expedition Malta – Spuren einer vergessenen Zivilisation

Thorsten Morawietz

Das versunkene Königreich

**Expedition Malta –
Spuren einer vergessenen Zivilisation**

„Das versunkene Königreich"
1. Auflage Januar 2020

Ancient Mail Verlag Werner Betz
Europaring 57, D-64521 Groß-Gerau
Tel.: 00 49 (0) 61 52/5 43 75, Fax: 00 49 (0) 61 52/94 91 82
www.ancientmail.de
Email: ancientmail@t-online.de

Bibliografische Information der Deutschen Nationalbibliothek:
Die Deutsche Nationalbibliothek verzeichnet diese Publikation in der Deutschen Nationalbibliografie; detaillierte bibliografische Daten sind im Internet über http://dnb.dnb.de abrufbar.

Covergestaltung: Sagmeister & Zbeg
Druck: Digital Print Group O. Schimek GmbH

ISBN 978-3-95652-276-5

Inhalt

Anhang

Herzlich willkommen zu „Das versunkene Königreich“

Überall im Text finden Sie QR-Codes, welche Sie mit ihrem Mobiltelefon scannen können (oder einfach den Link eintippen), um dann kostenfrei kleine Filme von mir über die jeweiligen Themen zu sehen, wenn Sie Lust haben.

Auch habe ich einen „Soundtrack“ zusammengestellt, mit Musik, welche zu den jeweiligen Kapiteln passt. Wenn Sie mögen, können Sie diese Titel dazu hören als Untermalung.

Unter www.spotify.com können Sie beispielsweise einen Streaming-Dienst kostenlos herunterladen.

Unter diesem Link finden Sie dann gratis die Playlist „Das versunkene Königreich“:

https://open.spotify.com/playlist/2VFwYQfdXNDSr5OwS662El?si=EElsz_3OQ2ygEGbzMprrLQ

Prolog

SOUNDTRACK: *„Birth of Liquid Plejades"* *von Tangerine Dream*

Ein versunkenes Reich auf dem Meeresgrund – Träumende Ruinen, in den Tiefen des Ozeans vergraben – Eine vergessene Stadt, von Königen beherrscht, deren Namen keiner mehr kennt, von längst gestorbenen Göttern beschirmt.

Keine Lieder künden von ihren Heldentaten, keine Standbilder berichten von ihrer einstigen Pracht.

Mächtige Herrscher, die mit Tod und Feuer über die Welt regierten und von denen nur mehr die Sagen und Legenden der Menschheit erzählen – Furchtbare Kriege mit fliegenden Götterwägen, mit flammenspeienden Waffen, an deren Toten sich längst keiner erinnert, mit Siegern, deren Namen keiner mehr weiß.

Könnte es sein, dass unser gesamtes Bild der Vergangenheit ein riesiger Irrtum ist, dass wir wie Blinde durch das Labyrinth der Geschichte irren?

Wurde die Menschheit einmal in fernster Vergangenheit von mächtigen Lehrmeistern beherrscht, viel höher entwickelt, als wir es uns in unserem Hochmut eingestehen wollen?

Gab es einst, vor über 10.000 Jahren, eine hochentwickelte Kultur auf Erden, weit mächtiger als unsere Reiche heute, welche in einer furchtbaren Apokalypse ausgelöscht wurde?

Bauten sie prächtige Städte, flogen schon vor Jahrtausenden unsere Urväter in fliegenden Maschinen durch die Lüfte, nutzten sie Maschinen und Waffen von fürchterlicher Kraft?

Und gibt es noch heute überall auf der ganzen Welt die Ruinen und Relikte dieses versunkenen Königreiches? Sind die gewaltigen Monumente der Vergangenheit, die Pyramiden, die vermeintlichen Tempelbauten auf Malta, die unterirdischen Höhlenbauten in Kappadokien, die verlassenen Städte San Lorenzo Tenochtitlan und Teotihuacán in Südamerika in Wahrheit die Relikte einer missverstandenen Hochtechnologie, die Überbleibsel von Bauwerken, die wir fälschlich als Tempel und Grabmäler ansehen?

Sind die Legenden von Göttern, die aus dem Himmel auf fliegenden Wägen herniedersteigen und die Sterblichen mit Blitz und Feuer strafen, in Wahrheit das ferne Echo von wirklichen Geschehnissen?

Dieser Frage wollen wir nachgehen, eine Reise antreten durch die Welt und die vergangenen Jahrtausende, oft vielleicht ein wenig sonderbar und verstiegen, aber führen uns diese Überlegungen doch in versunkene Dschungeltempel, zu Felsenfestungen in den Wolken und in träumende Ruinen auf dem Meeresgrund. Sie führen uns auf einen verborgenen Pfad zu rätselhaften Überlieferungen, zu dem Untergang geheimnisvoller Kulturen, zu alten Pergamenten und merkwürdigen Legenden, und vielleicht bringt es Licht in einige Rätsel der Vergangenheit.

Der versunkene Tempel

SOUNDTRACK: *„Symphony Nr.3: Passacaglia“ von Krysztof Penderecki*

Wir tauchen an der Ankerleine immer weiter hinab.

Allmählich schälen sich aus dem dunklen Blau des Meeres die ersten Monolithen, monströse Steinblöcke mit rechten Winkeln, die stummen Zeugen einer unergründlichen Vergangenheit. Wie von Titanen erschaffen liegen überall riesige Quader verteilt, Trümmer eines vor Jahrtausenden zerstörten Riesenbauwerks.

Atemlos tauchen wir an den steinernen Ungetümen vorbei. Es fällt mir schwer, die Ausmaße einzuschätzen, zu titanisch sind die gigantischen Blöcke. Immer weitere riesige, zyklopisch geformte Steine tauchen auf, ein Trümmerfeld vergessener Götter, die Relikte einer verschollenen Vergangenheit.

Sind dies die Überbleibsel eines versunkenen Königreiches, die verlorenen Ruinen einer uralten Zivilisation, geheimnisvoll und unergründlich?

4 Monate früher.

Wie von Giganten erbaut ragen die Monolithen der sogenannten „Tempelanlage“ Hagar Qim vor mir auf. Tonnenschwere Quader wurden zu titanischen Mauerwerken aufgetürmt, Durchgänge, von riesigen Felsblöcken überdeckt, führen in Räume, von unbekannten Baumeistern vor Urzeiten zu ungeahnten Zwecken einst errichtet.

Das ganze Gelände lässt einem mit dem Schauder des Rätselhaften zurück. Unergründlich stehen sie als Zeichen einer vergangenen Pracht vor uns, die schweigenden Zeugen einer unermesslichen Vergangenheit. Vom ewig schweigenden Meer umspült, bewahren diese Anlagen seit Jahrtausenden ihr Geheimnis.

Die ganze Insel Malta ist eine Insel voller Mysterien.

Abb. 1: Die unerklärlichen Megalith-Tempel auf Malta. (Bildquelle: Thorsten Morawietz)

FILMLINK: Das Geheimnis der Tempel

Hier können Sie einige Filmaufnahmen der mysteriösen sogenannten „Tempelbauten“ auf Malta sehen.

https://youtu.be/dCV8FYQ95Ew

Sie ist übersät von monumentalen Megalith-Bauwerken, denen man, ohne deren genauen Zweck zu kennen, den Namen „Tempelbauten“ gegeben hat. Erbauer und Zweck derselben sind völlig unbekannt.

Betritt man diese titanischen Anlagen, weht einen der kalte Schauer der Jahrtausende an: Riesige Steinblöcke, teilweise zyklopisch ungeformt, teilweise zu rechtwinkligen Monolithen bearbeitet, türmen sich auf zu einem gewaltigen Bauwerk, ein Schlachtfeld von Giganten, ein Spielfeld der Götter.

Alle paar Kilometer liegt eine weitere dieser Anlagen, über deren Sinn und Ursprung auch die herkömmliche Archäologie wenig Antworten zu bieten hat.

Abb. 2 Der „Tempel" Hagar Qim.
(Bildquelle: Wikimedia/Hamelin de Guettelet)

Auf keinem Flecken der Erde findet man eine solche Dichte von riesigen, unerklärlichen megalithischen Bauwerken aus grauer Vorzeit.

Eine seltsame Parallelität der Geschichte: Auch heute noch hat Malta die größte Dichte weltweit an Tempelbauten, nämlich an katholischen Kirchen. Wenn man über diese zauberhafte Insel fährt, ist es unmöglich, nicht irgendwo am Horizont die glänzende Kuppel einer Kirche zu erblicken, überall aus den engen Gassen ragen sie hervor, beinahe so, als erinnerte sich die Insel noch unbewusst an ihre rätselhafte Vergangenheit.

Was die traditionelle Wissenschaft darüber an scheinbar gesicherten Erkenntnissen zu berichten weiß, ist äußerst dünn.

Man bezeichnet sie als „Tempelbauten", ein Begriff, den man oft zu benutzen scheint, wenn man in Wahrheit keinerlei Erklärung hat.

Zu welchen Göttern sie beteten, wer die Tempelbauer waren, warum sie diese Anlagen in solch irrsinniger Anzahl errichteten, teilweise in direkter Sichtweite zueinander, darauf weiß man keine Antwort. Das Alter von bis zu 6.000 Jahren, welche man ihnen selbst von traditioneller Wissenschaft her zuschreibt, ist geradezu unglaublich, älter selbst als die Pyramiden von Gizeh. Sind sie vielleicht noch viel älter?

Denn ich glaube, dass diese Rätsel Maltas vielleicht ein ungeheures Geheimnis offenbaren könnten.

Gab es vor über 10.000 Jahren auf Erden eine weit entwickelte Hochkultur, welche über technische Mittel verfügte, die selbst unsere heutigen Fähigkeiten weit übersteigt? Gab es einst ein strahlendes Reich der „Götter", welche in ihren geschützten Festungen, fernab den primitiven Menschen und ihrer Steinzeit-Kultur, über die Unwissenden herrschten?

Besaß dieses prähistorische Volk Fluggeräte, mit welchen sie riesige Distanzen überbrücken konnten? Verfügten sie über furchtbare Waffen, die selbst unsere Atomwaffen von heute an Zerstörungskraft weit übertreffen? Verfügten sie über Kraftwerke, mit welchen sie ungeheure Macht zu entfalten vermochten?

Wurden diese Herren der Himmel von der unwissenden Masse der Primitiven als Götter verehrt, lehrten sie die Menschheit, straften und belohnten sie, experimentierten mit ihnen, führten gewaltige ethnologische und genetische Experimente mit den Menschen durch, deren furchtbare Resultate sich bis heute in den Mythen und Legenden erhalten haben?

Und wurde diese Zivilisation dann in einer furchtbaren Apokalypse vernichtet, restlos vom Antlitz der Erde vertilgt? Brach irgendwann in grauer Vorzeit ein furchtbarer Krieg der Titanen aus, erhoben sich die Unterdrückten gegen ihre grausamen Herren? Wurde in einem schrecklichen Weltenbrand diese Hochkultur komplett zerstört, ausradiert, vom Antlitz der Erde vertilgt?

Und erlosch alsbald in den Überlebenden, welche sich, in Felle gehüllt, um Lagerfeuer versammelten, das Wissen um die alten Zeiten, welche im Dunkel der Vergangenheit versanken?

Vielleicht manchmal, am Abend, erzählten sich die Menschen noch die zu Sagen und Legenden gewordenen Geschichten von den Allmächtigen, die einstmals mit Blitz und Feuer aus den Himmeln herniedergestiegen waren. Aus den Beschreibungen der Flugmaschinen wurden allmählich Drachen und Himmelsvögel, das Volk der grausamen Herrscher verwandelte sich in die strafenden Götter, aus den Erzählungen über ihre prächtigen Städte formte sich die Überlieferung vom goldenen Reich in den Wolken.

Allmählich versank die Erinnerung an dieses ferne Reich. Überall auf der ganzen Welt wurden diese strafendenden Urväter der Menschheit zu Sagengestalten, zu Titanen, zu überirdischen Wesen.

Aus der langsam verlöschenden Überlieferung an diese goldene, aber auch schreckliche Zeit entstand der Glaube an übermächtige, strafende Himmelswesen: In Indien entwickelte sich hieraus der tausendgestaltige hinduistische Götterhimmel, mit seinen bizarren Mischwesen und fliegenden Wägen, im Abendland die griechischen

Mythen von Zeus, Prometheus und dem Kampf der Titanen, in Südamerika der Glaube an die „Feuerschlange“ Quetzalcoatl, in Ägypten der Mythos von Re und Osiris.

In den Trümmern der einstigen Paläste verehrten die Nachkommen ihre einstigen „Götter“, die sie bestraft und verlassen hatten. Sie nutzten die Ruinen als ihre Tempel, in welchen sie zu ihren gestorbenen Herren flehten, begruben manchmal ihre Toten darin, beteten dort zu ihren neuen Götzen und vergaßen, welchen Zwecken sie einstmals gedient hatten.

Kam dann die „Sintflut“, der Anstieg des Meeresspiegels zum Ende der letzten Eiszeit vor ca. 10.000 Jahren, überflutete die Trümmer dieses verfallenden Königreiches und ließ die verlassenen Paläste auf dem Meeresgrund versinken?

Hat sich die Erinnerung an diese Urväter der Menschheit in unzähligen Mythen, Sagen und Legenden bis heute bewahrt? Steckt in all den Sagen über mächtige Wesen, die aus den Himmeln herniederfahren und die Sterblichen mit Blitz und Feuer strafen, viel mehr Wahrheit, als man denkt?

Vielleicht erhoben sich allmählich die Menschen wieder zu alter Größe, lernten aufs Neue, was sie einst vergaßen, bauten erneut Maschinen, wie es sie bereits vor Jahrtausenden gegeben hatte.

Sind unsere vermeintlichen Erfindungen und Schöpfungen der modernen Technik in Wahrheit nichts als Wiederentdeckungen der Vergangenheit?

Und stehen wir heute blind vor manchen Ruinen dieses untergegangenen Reiches, halten sie für „Tempel“ wie auf Malta, für „Grabmäler“ wie die Pyramiden in Ägypten?

Viele weitere der Wunder Maltas bestätigen diese etwas aberwitzige Theorie, denn dies ist bei weitem nicht das einzige Rätsel, welches diese winzige Insel zu bieten hat.

„Die „Cart Ruts“

SOUNDTRACK: *„The Host of Seraphim“ von Lisa Gerrard*

FILMLINK: Die „Cart Ruts“

Hier können Sie einen kleinen Film über die geheimnisvollen „Cart Ruts" auf Malta sehen.

https://youtu.be/fJeBYUgfvmo

Es ist vierzig Grad im Schatten, die nackten Steine unter meinen Füßen ächzen unter der Hitze. Die Sonne brennt erbarmungslos, Grillen zirpen, und die Felseinöde um mich her wirkt ein wenig wie eine menschenleere Landschaft nach einem Atomkrieg. Die Szenerie ist bizarr, überall um mich her verlaufen die merkwürdigen “Cart Ruts“, wie ein Skizzenblock der Götter.

Abb. 3: Die "Cart Ruts" auf Malta.
(Bildquelle: Wikimedia/Ronny Siegel)

Ständig stößt man auf Malta auf sie, oft unbeachtet am Wegesrand: Parallele Rillen in den Fels gegraben, sie führen Hänge hinauf, über Bergrücken hinweg, sie enden direkt am Rand von Klippen und führen teilweise direkt ins Meer hinein.

Ich befinde mich am sogenannten Clapham Junction auf Malta, dem „Rangierbahnhof“ der „Cart Ruts", von Spaßvögeln nach dem bekannten Londoner Bahnhof benannt. Auf Malta interessieren sich nur die allerwenigsten für diese Felslinien, ich bin mutterseelenallein, nur am Horizont vermisst ein einzelner älterer Herr unverdrossen die Linien und schreibt eifrig in sein Notizbuch. Die Geräusche eines in der Nähe gelegenen Steinbruchs klingen immer wieder dumpf herüber, und man glaubt ein wenig, den Schauder des Geheimnisses an diesem rätselhaften Ort zu spüren.

Es ist völlig unerklärlich, welchen Zweck diese Steinrillen einstmals gehabt haben könnten.

Alle Erklärungsversuche der traditionellen Wissenschaft sind meiner Ansicht völlig unzureichend. Man bezeichnet sie als „Cart Ruts“, Karren-Spuren oder Karren-Rillen, durch welche man Karren mit Lasten gezogen haben soll.

Karren-Rillen?

Ich schließe die Augen und versuche mir vorzustellen, was sich hier wohl einstens vor Jahrtausenden abgespielt haben mag.

Hier sollen allen Ernstes hölzerne Karren von Hand durch diese tiefen Rillen geschoben worden sein? Schwitzende Menschen zerren Lastkarren über den harten Fels? Sie balancieren Lasten auf einem kümmerlichen Holzgestell, welches sie durch die teilweise 60 Zentimeter tiefen Rillen ziehen?

Die Karren würden ununterbrochen stecken bleiben, die Rillen sind viel zu tief dafür, man käme unmöglich um die geschwungenen Kurven herum, eine unpraktischere Transportmethode kann man sich kaum vorstellen. Außerdem: Wo sind die Spuren der Ochsen- oder Menschenfüße, welche diese Karren gezogen haben müssten? Man kann nämlich keine finden.

Und wozu die Hunderte von Verzweigungen? Es wäre doch viel einfacher, die Lasten von Hand umzusetzen. Warum sind die Spurbreiten so extrem unterschiedlich?

Auch hier verhält es sich wie bei den „Tempeln“: Eigentlich hat man ehrlich gesagt keine Ahnung. Verbirgt die Ähnlichkeit mit einem heutigen Schienensystem vielleicht ein weit größeres Geheimnis?

Abb. 4: Einige „Cart Ruts“ führen direkt ins Meer. (Bildquelle: Wikimedia, Frank Vincentz)

Viele dieser geheimnisvollen Spuren führen direkt ins Meer und setzen sich auf dem Meeresgrund fort, bis in die Tiefe von über 40 Metern wurden sie angeblich schon beobachtet.

Ich glaube, dass wir es hier vielleicht mit den Relikten eines hochtechnologischen Schienen- und Transport-Systems zu tun haben, mit welchem einstmals tonnenschwere Lasten über die Insel transportiert wurden, denn Malta scheint damals ein Zentrum dieser vorsintflutlichen Kultur gewesen zu sein.

Ich lasse meinen Blick über das markante Hochplateau schweifen. Das Gesäß des älteren Herren erscheint hinter einem Felsblock, immer wieder examiniert er mit einer Lupe zentimeternah die „Cart Ruts“ und beweist hier eine erstaunliche Hartnäckigkeit. Ich schließe die Augen, nicht nur deswegen, und vor meinem inneren Auge erscheint ein völlig anderes Bild.

Vielleicht befand sich hier vor Jahrtausenden einst ein gigantischer Verladeplatz, metallische Schienen kreuzen sich, mit leisem Sirren gleiten Transportwägen über die Schienen, werden, wie von unsichtbarer Hand gelenkt, aneinander vorbei dirigiert, Lastkräne be- und entladen die Transportsysteme, welche wie ein vollmechanisches, automatisches Ballett streng choreographiert durcheinander schwirren.

Mir erscheint es durchaus möglich, dass hierbei nicht ein heute gängiges Transportsystem mit Rädern gebraucht wurde, sondern völlig unbekannte Technik eingesetzt wurde, ein Levitationssystem, bei welchem die in den Fels verlegten Schienen ein Energiefeld unbekannter Art erzeugten, auf dem die Lasten dahinschwebten. Dies würde auch den oft seltsamen Verlauf der „Cart Ruts“ erklären, welche manchmal steil einen Hang hinauf verlaufen, manchmal wechseln die Spurbreiten plötzlich, oder die Spuren laufen auf einmal auseinander.

Doch dies ist noch lang nicht alles, überall auf Malta findet man die sogenannten Misqa-Tankanlagen, in den Stein gehauene Tanks, welche der traditionellen Wissenschaft nach Wasserzisternen gewesen sein sollten.

Könnte es sich hierbei um die Überreste von Tankanlagen handeln, in welchen Chemikalien, Treibstoffe etc. aufbewahrt wurden?

Es gibt sogar Untersuchungen von Materialproben der Innenbeschichtung der Misqa-Tanks, welche ihnen eine Zusammensetzung ähnlich derer moderner Treibstofftanks bescheinigen. Verfügten diese Tankanlagen einst vor Jahrtausenden über metallene Deckel und Verschlüsse, welche im Lauf der Jahrtausende längst verschwunden sind? Wurden hier Substanzen gelagert, welche man zum Betrieb technologischer Anlagen benötigte?

Abb. 5: Die Misqa-Tanks. Wasserszisternen oder Treibstofftanks? (Bildquelle: Wikimedia/Ethan Doyle White)

Auch das unterirdische Bauwerk, welches man 1899 durch Zufall entdeckte, das sogenannte Hypogäum von Hal-Saflieni, gibt dem Betrachter Rätsel auf.

Im Jahre 1899 finden in Malta Bauarbeiten statt, in den malerischen Gassen von Paola wird der Boden ausgehoben, als die Bauarbeiter bei ihren Grabungen plötzlich auf einen Hohlraum unter der Erde stoßen.

Mitten in der alltäglichen Wirklichkeit einer maltesischen Kleinstadt klafft auf einmal ein Riss in ferne Jahrtausende auf, es wird ein Spalt in die Realität hineingerissen, und man blickt plötzlich in eine unerklärliche Vergangenheit.

Staunend betreten die Arbeiter dieses Reich der Unterwelt: Vor ihnen liegen riesige Säle, in den Fels gehauen, unterirdische Gänge und Hallen, welche immer weiter in die Tiefe führen, rätselhafte Gewölbe, seit Äonen den Blicken der Menschen verborgen.

Abb. 6: Das unterirdische Hypogäum auf Malta.
(Bildquelle: Wikimedia/Richard Ellis)

Tausende von Jahren hat niemand seinen Fuß in dieses Areal gesetzt, sie betreten einen Tempel des Todes, Hunderte von Leichenresten finden sie vor, überall in den unterirdischen Hallen liegen Knochenreste. Merkwürdigerweise sind einige der gefundenen Schädelfragmente Überreste von sogenannten „Langschädeln", seltsam länglich verformte Schädel, welche überall auf der Welt vorzufinden sind. Selbst die traditionelle Wissenschaft gibt das Alter dieses Bauwerks mit nahezu 6.000 Jahren an.

Wenn man heute dieses unterirdische Totenreich betritt, erscheint es völlig unverständlich, warum und mit welchen Mitteln die damals angeblich primitive Kultur diese Hallen errichtet haben sollte.

Fand hier, von Fackeln beleuchtet, ein düsterer Totenkult statt, wurden hier von Priestern mit Fellgewändern längst vergessene Zeremonien gefeiert, bestattete man hier die Toten dieses längst versunkenen Reiches? Ein unterirdischer Tempel des Todes, dunkle Katakomben des Verderbens, von Verwesungsgeruch und düsteren Totengebeten durchzogen?

Oder ist die Wahrheit noch viel ungeheuerlicher?

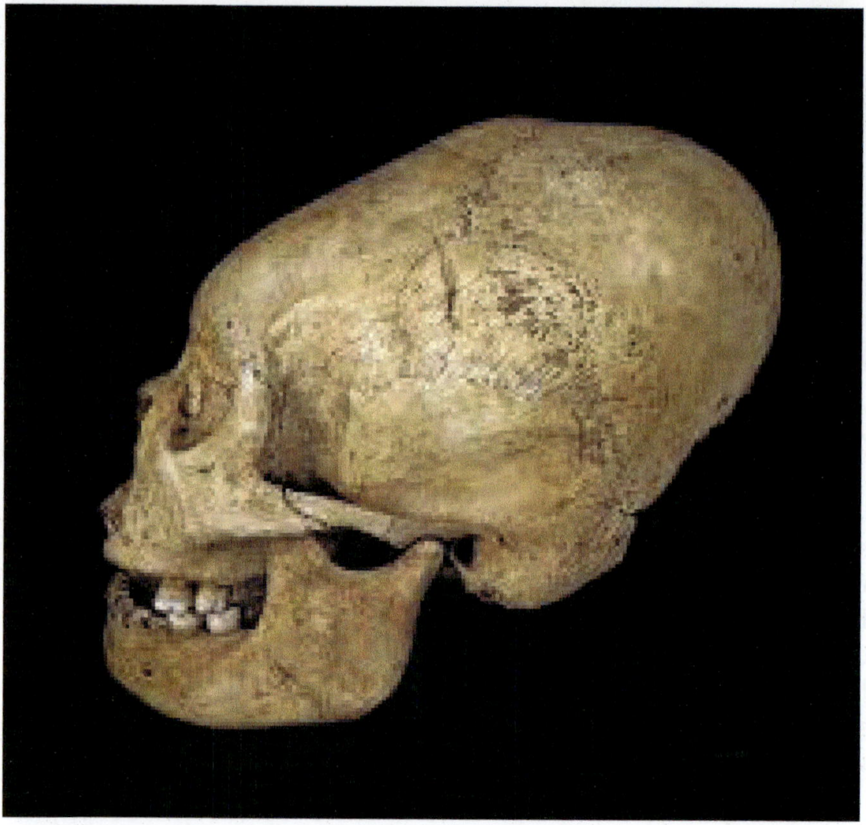

Abb. 7: Einer der rätselhaften „Langschädel".
(Bildquelle: en.wikipedia.org*)*

Ich betrachte mir die seltsame archaische Architektur, die merkwürdigerweise manchmal die oberirdischen „Tempelanlagen" in ihrem Aussehen nachzuahmen scheint. Es gibt Stützpfeiler und Querbalken, die den bizarren Anschein erwecken sollen, als sei dieses Gewölbe nicht aus dem Stein heraus gemeißelt, sondern aus riesigen Monolithen zusammengesetzt.

Vor meinem inneren Auge verwandeln sich die fellgewandeten Priester, die Beschwörungsformeln murmeln, in Techniker, welche an blinkenden Schalttafeln arbeiten. Die Totenhallen, in welchen die Leichen allmählich verfaulen und zerfallen, werden in meiner Phantasie zu Maschinenräumen, in denen Apparaturen einer längst vergangenen Technologie auf Hochtouren arbeiten.

Ich halte es für möglich, dass es sich hierbei um eine unterirdische „Kommandozentrale“ gehandelt haben könnte, deren technologische metallene Einrichtungen längst von Rost und Verfall zerfressen wurden.

Später, Jahrtausende nach dem Untergang der verlorenen Hochkultur, tasteten sich die überlebenden Nachkommen ängstlich zitternd in die unterirdischen Gewölbe, standen staunend in den leeren Hallen.

Wie viele anderen Ruinen auf der ganzen Welt wurden diese dann aufs Neue in Besitz genommen, man nutzte vielleicht Jahrtausende später die Anlage als Kult- und Begräbnisstätte, aber ihr wahrer Zweck war ein völlig anderer.

Zugegeben, diese Erklärung klingt, zumindest auf den ersten Blick, ungeheuerlich, doch die Erklärungsversuche der traditionellen Wissenschaft sind oft auch etwas merkwürdig. Da ihrer Ansicht nach die Menschen der damaligen Kulturstufe nicht über Werkzeuge verfügt haben durften, welche zum Bau solch einer Anlage nötig waren, so wurden diese unterirdischen Hallen, so die gängigste offizielle Theorie, mit Hirschgeweihen gefertigt.

Mit Hirschgeweihen?

Malta ist vor allem an der Nordost-Küste extrem dicht besiedelt, und die Anlage des Hypogäums wurde nur durch reinen Zufall aufgefunden. Wer kann es ahnen, wie viele weitere, vielleicht noch bedeutend spektakulärere Anlagen sich noch dort unten befinden.

Auch andernorts sind Ausgrabungen oft sehr schwierig zu bewerkstelligen, direkt neben den Pyramiden von Gizeh beginnt beispielsweise die Millionen-Metropole Kairo, so dass Ausgrabungen hier in diesem Gebiet schwer möglich sind.

Wieviel Wunder der Vergangenheit wohl noch auf ewig begraben unter dem Asphalt unserer Städte auf eine Entdeckung warten? Wie viele unterirdische „Tempel" liegen noch unentdeckt unter den Fundamenten unserer Wolkenkratzer, wie viele unerforschte Grabmäler warten unter dem Asphalt der Autobahnen auf ihre Wiedergeburt?

Was geschah hier einst auf Malta vor Jahrtausenden?

Wieso sollten auf einer Insel mit gerade einmal geschätzten 11.000 Einwohner zu der damaligen Zeit derart viele Tempelbauten errichtet werden? Von wem und mit welchen Mitteln wurden sie gebaut? Und wozu?

Die Antworten auf all diese Fragen liegen tief im Dunkel der Vergangenheit verborgen.

Und noch ein weiteres, viel größeres Mysterium tut sich plötzlich vor mir auf.

Als ich mich mit den Geheimnissen Maltas beschäftige, stoße ich auf das rätselhafte Gelände Gebel gol-bahar.

Gebel gol-bahar

SOUNDTRACK: *„Shine on you crazy diamond“ von Pink Floyd*

Ein versunkener Tempelbau, seit Jahrtausenden auf dem Meeresgrunde schlummernd? – Eine vergessene Ruine der Vorzeit, von der Wissenschaft ignoriert? – Ein Beweis für eine uralte, verschollene Hochzivilisation, die einstmals über die Erde herrschte?

Der Autor Hubert Zeitlmair hat aufgrund von alten Luftaufnahmen die Theorie erstellt, dass sich hier auf dem Meeresgrund eine weitere „Tempelanlage“ verbärge. (1)

Und in der Tat, die Taucher Shaun und Kurt Arrigo entdeckten nach seinen Hinweisen im Jahre 1999 diese vermutete unterseeische Anlage. Das Gelände befindet sich wenige Kilometer vor der Küste Maltas, in einer Tiefe von 10 bis über 30 Meter. Zeitlmair benannte das Gebiet „Gebel gol-bahar“, übersetzt aus dem Maltesischen „Steine im Meer versunken“.

Hubert Zeitlmair gebührt die Ehre dieser Entdeckung, welche er in seinem Buch „Die Säulen von Atlantis – Malta“ beschrieben hat.

Als ich die Bilder von dem Gelände sehe und anfange, darüber zu recherchieren, kann ich es kaum glauben! In den letzten zwanzig Jahren hat anscheinend kein Mensch, geschweige denn ein Archäologe, sich mit diesem Gebiet beschäftigt, es erkundet und untersucht.

Kann dies sein? Gibt es auch heute noch in unserer komplett durchorganisierten Welt weiße Flecken auf der Landkarte, unerforschte Gebiete, unentdeckte Geheimnisse?

Gibt es Hintertüren in der Wirklichkeit, durch welche man das trockene Areal der Vernünftigkeit verlassen kann, um einzudringen in ein geheimes Reich hinter den Schleiern der Realität? Kann man in den versteckten Spalten der Wirklichkeit verborgene Wahrheiten finden und den Vorhang manches Geheimnisses der Vergangenheit ein wenig lüften?

Handelt es sich bei den sogenannten „Tempeln“ auf Malta gar nicht um religiöse Bauwerke, sondern um Überreste technologischer Einrichtungen?

Wenn man die Fachliteratur über Malta genauer betrachtet, stellt man fest: Auch wenn die Unwissenheit der klassischen Archäologie sich auf einem viel höheren Bildungsniveau als die meine bewegt, hat man eigentlich nicht die geringste Ahnung, wer diese Bauten wann zu welchem Zweck errichtet hat.

Weswegen wurden die „Tempelbauten“ aus derart riesigen Steinklötzen errichtet? Dienten die dicken Mauern einst als Schutz vor irgendeiner Art von Strahlung, welche von technischen Gerätschaften im Inneren der Anlagen erzeugt wurden? Welche Verrichtungen könnten dort einstmals von den unbekannten Baumeistern vorgenommen worden sein?

Auch die Bohrlöcher, welche man immer wieder in den Steinen der Anlagen finden kann, erinnern an die Zapflöcher neuzeitlicher Safetüren. Wurden hier einst metallene Schutztore geschlossen, um die Ausstrahlungen von Anlagen unbekannter Natur vor der Außenwelt abzuschirmen?

In der ganzen Welt gibt es Überlieferungen über ein vergessenes, prächtiges Reich, über eine Welt der Götter, welche in den Fluten versank. Die Mythen um einen einstmals mächtigen, untergegangenen Kontinent, dessen verwunschene Königspaläste nunmehr auf dem Meeresgrunde schlummern, beschäftigen die Menschheit schon seit Jahrtausenden.

In Europa gibt es den Mythos von Atlantis, in anderen Teilen der Welt gibt es Legenden über vergessene Königreiche wie Lemuria, Mu oder Shangri-La.

Abb. 8: Die „Zapflöcher" in den maltesischen Riesenbauten. (Bildquelle: Thorsten Morawietz)

Überall gibt es Sagen und Berichte über ein verschollenes Reich der Götter, das auf seine Wiederentdeckung wartet.

Einstmals vor ca. 10.000 Jahren stieg zum Ende der letzten Eiszeit die Temperatur allmählich an, hierauf schmolz Eis an den Polkappen ab, und der Meeresspiegel stieg an. Es gab eine katastrophale allmähliche Überschwemmung und Verlust an Lebensraum, welche überall auf der Welt die Legenden um die „Sintflut" entstehen ließen, natürlich vermischt mit den Erlebnissen von Flutwellen und Tsunamis.

Dieser Mythos ist keineswegs nur in der Bibel zu finden, sondern quasi überall auf der Welt.

Das gesamte Antlitz der Erde sah damals völlig anders aus, Gebiete, welche heute auf dem Meeresgrund verborgen schlummern, waren fruchtbare Böden.

Dann kamen allmählich die Wasserfluten und überschwemmten Millionen von Quadratkilometern Land, viele der Ruinen der Urväter-Zivilisation wurden vom tosenden Meer verschlungen.

Meine archäologische Ausbildung beschränkt sich zwar auf den Besitz aller Indiana Jones Filme auf DVD, und ich habe größte Hochachtung vor der traditionellen Archäologie, deren Vertreter über ein Tausendfaches mehr an Fachwissen verfügen als ich, die sich in jahrelangem Studium akribisch das Grundwissen über vergangene Kulturen angeeignet haben, aber dennoch: Kein Archäologe auf Malta scheint sich je mit diesem Gebiet Gebel gol-bahar beschäftigt zu haben.

Studierten Archäologen, denen ich von meinen Forschungen und Theorien erzähle, blicken mich zwar meist derart erbost an, dass ich froh sein kann, der Zwangseinweisung in eine psychiatrische Anstalt zu entkommen, aber dennoch: Könnte man diese etwas aberwitzig klingende Theorie über ein vergessenes Königreich vielleicht wirklich bestätigen und die Paläste ihrer versunkenen Städte mit eigenen Augen betrachten?

Ich beschließe, mir dies einmal genauer anzusehen.

Die versunkene Stadt

SOUNDTRACK: *„Yulunga" von Dead Can Dance*

Eine versunkene Stadt auf dem Meeresgrund. Die Trümmer eines untergegangen Reiches, welches vor über 10.000 Jahren in Pracht und Prunk herrschte und von dessen Ruhm nur noch verfallene Ruinen künden.

Mit diesen Gedanken (oder Wunschträumen) fahren wir heute an einem strahlenden Morgen auf das Meer vor Malta hinaus.

Ich fühle mich ein wenig wie Indiana Jones, obschon die Gefahren auf Malta weniger von Indianerstämmen mit Giftpfeilen als von völlig betrunkenen englischen Touristen ausgehen. Mir wären Giftpfeile lieber gewesen. Es war gar nicht so einfach, das Gelände überhaupt zu finden, so gut wie niemand hat auf Malta je davon gehört. Der Strand, zu dessen Füßen ich das versunkene Königreich vermute, ist heute eine beliebte Partymeile. Wenn man im Morgengrauen zum Tauchboot unterwegs ist, ist der Strand bedeckt mit übrig gebliebenen Feiernden und Schnapsleichen.

Mein Tauchguide Raymond Casey hält das Boot an, lehnt sich weit über die Reling und blickt durch seine Tauchmaske hinab auf den Grund. Er kennt das gesamte Gelände so gut, dass er auch ohne GPS-Gerät beinahe auf Anhieb das Areal zu finden vermag. Einige Meter weiter noch navigiert er das Boot und wirft dann den Anker.

Wir scheinen am rechten Platz zu sein. Auch ich lehne mich über die Reling und versuche hinunterzuschauen, der einzige Erfolg hierbei ist jedoch, dass vom heftigen Wellengang mein Schädel an die Bordwand gehämmert wird und ich eine kräftige Portion Salzwasser schlucke. Ohne meinen erfahrenen Guide würde ich das Gelände niemals auffinden.

Dann tauchen wir hinab.

FILMLINK Gebel gol-bahar

Hier können Sie einen kleinen Film der Unterwasseraufnahmen von Gebel gol-bahar sehen.

https://youtu.be/5YWWH_dVi6I

Aus dem verschwommenen Blau des Meeres tauchen bald die ersten Ruinen auf.

Auf einer Art Hauptplatz liegen die Monolithen verstreut, monströs, wie von Titanen geschaffen. Für mein geologisch ungeschultes Auge wirken sie eindeutig künstlich bearbeitet, mit rechten Winkeln und scharfen Kanten.

Wenn diese nicht künstlichen Ursprunges sind, wie sollten sie hierhergekommen sein? Von welcher Felsformation sollten sie abgebrochen sein? Es gibt hier kaum Steilwände oder Felsformationen, die diese Quader erklären könnten.

Von diesem Hauptplatz aus führen dann zwei nebeneinanderliegende Täler weiter hinunter in die Tiefe.

Abb. 9: Die Ruinen von Gebel gol-bahar. (Bildquelle: Thorsten Morawietz/Raymond Casey)

Abb. 10: Überall liegen dort rechtwinklige Quader auf dem Meeresgrund. (Bildquelle: Thorsten Morawietz/Raymond Casey)

Abb. 11: Die Ruinen eines vorsintflutlichen Bauwerks? (Bildquelle: Thorsten Morawietz/Raymond Casey)

Abb. 12: Vermessungsarbeiten mit Ramon Zürcher.
(Bildquelle: Thorsten Morawietz/Raymond Casey)

Wir tauchen eines dieser Täler hinunter, links erhebt sich ein riesenhafter, mauerähnlicher Felsen, über zwei Meter hoch und über 30 Meter lang.

War dies früher einmal die Mauer einer Passage, durch welche man von der einen Anlage zur anderen gelangte?

Es scheint sich also um zwei verschiedene Areale in ca. 200 Metern Entfernung zu handeln, mit einem Höhenunterschied von ca. 20 Metern.

Von der ganzen Struktur ähnelt so das unterseeische Gelände dem Tempelkomplex Hagar Qim und Mnajdra, nur wenige Kilometer entfernt auf Malta. Auch dort liegen zwei Anlagen nur 450 Meter voneinander entfernt, mit einem Höhenunterschied von ca. 40 Metern.

Die Frage, weshalb man damals vor tausenden Jahren solche Bauwerke direkt in Sichtweite nebeneinander erbaute, vermag keiner zu beantworten.

Vielleicht hat diese Struktur eine bislang noch unverstandene Bedeutung, eventuell hingen die zwei Anlagen in irgendeiner Art zusammen. Gab es auch zwischen diesen beiden Komplexen an Land früher einmal eine solche mauerartige Struktur, welche die Einrichtungen miteinander verband?

Die Strömung zwingt mich, zur Erheiterung meines Tauchguides, zum Umkehren. Langsam verschwinden die steinernen Kolosse im Dunkel des Meeres. Traurig sage ich Lebewohl.

Beim Auftauchen kann ich es kaum glauben.

Sind dies wirklich die Spuren einer vergessenen Kultur?

Apokalypse

SOUNDTRACK:
„Götterdämmerung: Trauermusik beim Tode Siegfrieds“
von Richard Wagner

Eine menschenleere Totenstadt. Der kalte Wind weht leise wimmernd durch die verlassenen Straßenschluchten, überall wuchert Gras durch den Asphalt. Die von Moos überwachsenen Türme der Hochhäuser verfallen, die Wracks der Autos in den leeren Straßen werden vom Rost zerfressen, die Wellen des stetig ansteigenden Meeres schwappen müde durch die leeren Straßen. Wie die Riesenskelette von Dinosauriern stehen die allmählich zerfallenden Gerippe der Wolkenkratzer, und der Staub weht träge durch die einstigen Metropolen unserer Welt.

Kann dies wirklich sein?

Sehen wir hier auf Malta nichts anderes als die missverstandenen Überreste einer untergegangenen Hochkultur? Erblicken wir nicht nur hier, sondern auf der ganzen Welt die Ruinen eines vergessenen Reiches?

Stellen wir uns vor, unsere Kultur würde von einem furchtbaren Krieg, einer Klima-Apokalypse, einen Kometen-Einschlag oder in einem anderen Szenario komplett zerstört.

Die Elektrizitätswerke fallen aus, es gibt keine öffentliche Ordnung mehr, keine Computer, Transportsysteme oder medizinische Versorgung.

Die Überlebenden rotten sich in den Ruinen ihrer verfallenden Städte zusammen, kämpfen um das Überleben, ein grausamer Krieg bricht aus.

Jeder kämpft gegen jeden, die zerstörerische Natur des Menschen, durch die Zivilisation mühsam gezähmt, bricht wieder hervor.

Wohin würden sich die Menschen in ihrer Not flüchten? Vielleicht in die verfallenden U-Bahn-Schächte, vielleicht suchten sie Schutz hinter den gigantischen Mauern verlassener Kraftwerke oder in den Fundamenten der Wolkenkratzer aus Beton.

Eine gewisse Zeit lang noch würde man Generatoren, Maschinen und Automobile betreiben können, und einige Kriegsherren verfügten noch über Schusswaffen. Ein einziges Maschinengewehr könnte in einer solchen postapokalyptischen Welt imstande sein, ein ganzes Königreich zu errichten. Bald schon würden diese Relikte der Vergangenheit zu überirdischen Gaben verklärt, man würde sie als magische Mysterien begreifen, als Geschenke der Allmächtigen.

Die letzten noch funktionierenden Generatoren, welche in den eisigen Nächten Wärme zu spenden vermögen, würde man in Tempeln verehren, die „Techniker", die sie in Betrieb setzen könnten und den immer geringer werdenden Vorrat an Treibstoff verwalten, würden als Priester angesehen werden. Und wer die Macht besitzt über diese technischen Relikte der Vergangenheit, wird von den allmählich immer weiter ins Primitive zurückfallenden Menschen als Gott verehrt.

Die Besitzer der letzten Maschinengewehre auf Erden würden über beinahe unbeschränkte Macht verfügen, könnten sich nehmen, nach was immer sie verlangen, könnten die Völker beherrschen und unterjochen. Würden Sie ihre Macht zum Guten nutzen oder würden sie grauenhafte Tyrannen werden? Wahrscheinlich wohl eher das Zweite.

In ihrem Größenwahn würden sich die „Herren" vielleicht alsbald zu Göttern erklären und bizarre Rituale entwickeln, um ihre Macht zu festigen: Das Fest des Maschinengewehrs, bei welchem die heilige Waffe durch die Straßen dieser postapokalyptischen Welt getragen wird und ihre unendliche Zerstörungskraft angebetet wird.

Als Beweis dieser Macht und Höhepunkt dieses absurden Festes würden die Priester dieser unheiligen Religion einen Unglücklichen mit den letzten verbliebenen Patronen hinrichten, um das gemeine Volk weiterhin unter Kontrolle halten zu können.

Die Könige dieser fernen Zukunft lassen sich mit dem letzten Tropfen Benzin auf der Ladefläche eines Lastwagens über die großen Plätze fahren, um sich dem Volk in all ihrer grausamen Macht zu zeigen.

Die Priester dieses grotesken Kultes würden mit den noch übrig gebliebenen Generatoren die Nacht auf ihren Tempelplätzen erhellen, um ihre zweifelnden Jünger von ihren Wunderkräften zu überzeugen.

Und alsbald würden die Unterdrückten an die Lüge der Herrschenden über ihre eigene „Göttlichkeit" zu glauben beginnen, man würde Bildnisse der magischen Relikte anfertigen, zu ihnen beten, und man würde die Geschichten der Heldentaten der göttlichen Herrscher an den Lagerfeuern erzählen.

Aus dem Krieg zweier Stämme, welcher vor Jahrzehnten einmal mit Gewehren und Handgranaten ausgetragen wurde, wird in den Erzählungen alsbald der Kampf zweier Titanen-Heere, an dessen Ende eines der göttlichen Wesen aus dem Paradies vertrieben wurde.

Aus den Panzerfahrzeugen, welche ihre Urväter noch mit eigenen Augen gesehen hatten, würden in ihren Erzählungen feuerspeiende Drachen werden, welche mit ihrem giftigem Atem Verderben brachten.

Überall auf der Welt, wo verschiedene zivilisatorische Entwicklungsstufen aufeinandertrafen, beispielsweise die Europäer und die Ureinwohner des amerikanischen Kontinents, beuteten die „Überlegenen" schamlos die weniger entwickelten Völker aus, unterdrückten sie und rotteten sie beinahe aus.

Der Zusammenprall von verschiedenen kulturellen Entwicklungsstufen ist immer höchst problematisch für die Unterlegenen, sei es im brasilianischen Regenwald, in fernster Vergangenheit oder in der entlegensten Zukunft.

Doch die Herrschaft dieser falschen Götter würde irgendwann einmal an ihr Ende kommen.

Wenn die Generatoren die ersten Male ausfallen und die Kälte des Winters unerbittlich zuschlägt, würde man allmählich an der Allmacht der Herren zu zweifeln beginnen. Wenn die Maschinengewehre allmählich versagen, könnte man die Unterdrückten sicherlich noch durch den bloßen Anblick der Wunderwaffen einschüchtern, doch die Macht der Herrschenden würde immer mehr zu bröckeln beginnen.

Der bloße Anblick einer Pistole, in den Himmel gereckt, würde die Untertanen noch einmal auf ihre Knie zwingen, doch Herrschaft, die nur auf Gewalt und Unterdrückung beruht, ist immer sehr zerbrechlich und fragil.

Und dann in ferner Zukunft, irgendwann, wenn der letzte Tropfen Benzin verbraucht ist, die letzte Patrone verschossen, würden sich die Unterdrückten allmählich zu erheben beginnen gegen ihre Götter.

Man würde die machtlos gewordenen einstigen Fürsten von ihren Thronen stürzen, sie bestrafen für die jahrhundertelange Unterdrückung.

Man würde mit Steinmessern und Keulen eindringen in die Paläste ihrer Unterdrücker, würde die Generatoren von den Altären reißen, die nutzlos gewordenen Panzerfahrzeuge johlend erobern, und die Titanen vertreiben aus dem Himmel.

Danach würde man die sinnlos gewordenen Maschinen auf Altären anbeten, die Götter anflehen, dass ihre Gnade zurückkehren möge. Mögen die heiligen Generatoren doch erneut Licht und Wärme spenden in der Dunkelheit, möge doch das göttliche Maschinengewehr wieder mit Feuer und Donner die Feinde vertilgen!

Es gäbe alsbald Nachfolger der Allmächtigen, Hochstapler der Macht, die die Herrschaft der himmlischen Herrscher nachzuahmen versuchen.

Man würde hölzerne Nachbilder des Maschinengewehres mit sich tragen, als Zeichen der Macht, um die Unwissenden einzuschüchtern. Man würde Stromgeneratoren und Automobile aus Stein meißeln und sie in den verlassenen Riesenhüllen der einstigen Kraftwerke anbeten. Man würde die Bilder von fliegenden Maschinen in die Wände der Betonfundamente der einstigen Metropolen meißeln, um die vergangene Macht wieder heraufzubeschwören.

Dann verfallen im Laufe der Jahrhunderte die metallenen Artefakte der Vergangenheit, und es bleiben nur die Nachbilder aus Stein.

Von Rost zerfressen, lösen sich alle metallenen Relikte der Vergangenheit in Staub auf, der vom Wind durch die verlassenen Straßen geweht wird.

Die Erinnerung an die wirkliche Funktion der Gegenstände würde allmählich verschwinden, und nur Mythen und Legenden blieben übrig: Vom Feuervogel, der durch die Lüfte flog, von den Göttern, die einstmals die Sterblichen mit ihrer Macht belohnten und bestraften, von den Wunderwaffen der Überirdischen, welche mit Feuer und Donner herrschten über die Welt.

Ich glaube, dass all dies nicht nur in ferner Zukunft geschehen könnte, sondern dass all dies ganz ähnlich schon einmal (oder vielleicht sogar mehrfach!) auf Erden geschehen ist.

Denn wie werden die Mythen und Legenden dieser fernen Zukunft aussehen?

Vielleicht merkwürdigerweise gar nicht einmal so viel anders als unsere heutigen.

Die Menschen dieser fernen Zukunft werden, vielleicht so wie wir, sich ihre Götter aus den zersplitterten Resten der Erinnerung zusammenfügen, werden das Nichtverstandene verehren und ihre Vergangenheit nur aus ihrer Gegenwart heraus verstehen.

Das Bild ihrer Urväter wird sich im Lauf der Jahrtausende immer weiter verzerren bis zur Unkenntlichkeit.

Man wird von dem großen Weltenbrand sprechen, mit welchem einstmals die Überirdischen die Sterblichen für ihre Sünden straften.

Man wird vor Giganten zittern, welche einstmals aus den Wolken herniedergestiegen waren.

Man wird von Zauberspiegeln erzählen, durch die man einstens in ferne Länder zu schauen vermochte und von Geräten, die die Stimmen der Toten zu neuem Leben erweckten.

Die radioaktiven Zonen um strahlende Kraftwerke herum werden als verfluchte Gebiete angesehen werden, das Zeichen der Radioaktivität hält man für das Zeichen des Dämons der Zerstörung, die Stollen der U-Bahnen für Gänge der Unterwelt, durch welche einst funkenspeiende Stahlwürmer krochen.

Man würde sich an den flackernden Lagerfeuern von den fernen Zeiten erzählen, als noch Drachen aus Eisen durch die Lüfte flogen, als Halbgötter mit feuerspeienden Waffen und in fliegenden Wägen miteinander kämpften.

Und wenn dann Jahrtausende später der Mensch sich vielleicht aufs Neue aus seiner Asche erhebt, wenn er wieder Wissenschaft betreibt, zu den Sternen hinauf strebt und dann die Monumente der Vergangenheit betrachtet, was wird er sehen?

In den Betonfundamenten der Wolkenkratzer findet er eingeritzt Steinbilder von Götterverehrung und von Jagdszenen und so wird er diese Ruinen für Tempelbauten halten. Man wird vielleicht Speerspitzen aus Stein dort finden, deren Alter man feststellen kann und so diese „Tempelbauten" um Jahrtausende jünger datieren, als sie eigentlich sind.

Man wird die Stollen der U-Bahn-Schächte vorfinden, in welchen man vielleicht die Skelette von Tausenden von Unglückseligen findet, welche dort in einer gigantischen Belagerung ums Leben kamen, und so wird man diese unterirdischen Gänge für „Grabkatakomben" erklären. Man vermag das Alter der Skelette genau zu bestimmen, und also erklärt man auch diese „Begräbnisstätten" für genauso alt und verfehlt die Wahrheit dabei um Jahrtausende.

Kann es sein, dass es uns vielleicht genauso geht?

Ich stelle mir vor, wie tollkühne Wissenschaftler dieser fernen Zukunft dann aberwitzige Überlegungen anstellen. Handelte es sich bei den Riesenbauwerken gar nicht um Tempelbauten, sondern sind dies die Ruinen von urzeitlichen Kraftwerken?

Sind die parallelen Rillen in den Grabkatakomben nicht die Überbleibsel der Leichenkarren, welche durch die Tunnel gerollt wurden, sondern die Relikte eines altertümlichen technologischen Schienensystems?

Der Gedanke hat etwas Unheimliches: Wer weiß, wie viele unsterbliche Meisterwerke der Menschheit im Laufe der Jahrtausende verloren gingen? Die riesige Bibliothek von Alexandria wurde komplett zerstört und mit ihr Abertausende von Werken der Vergangenheit. Auch aus der Zeit Shakespeares sind wohl kaum ein Hundertstel der Theaterstücke bis heute erhalten, von den antiken Theaterstücken aus der Zeit der Genies Sophokles und Aischylos ebenso.

Wie viele Philosophen, Dichter und Wissenschaftler mag es gegeben haben, neben denen die Meister der Menschheit vielleicht nur wie kindische Stümper verblassen würden? Wie viele zauberhafte Komödien sind verschollen, aus der Feder von Dichtern, deren Namen heute keiner mehr kennt?

Welch unsterbliche Philosophien sind der Menschheit verloren gegangen, welche Epen der Vergangenheit, welche vollkommenen Dichtwerke, Dramen und Meisterwerke? Da hat der Gedanke beinahe etwas Tröstendes, dass in spätestens 10.000 Jahren auch all unsere heutigen Genies wahrscheinlich längst vergessen sein werden.

Ich habe übrigens tiefstes Verständnis dafür, wenn Vertreter der etablierten Wissenschaft all dies als Unsinn bezeichnen. Möglicherweise haben sie sogar völlig recht. Archäologen und Historiker studieren jahrzehntelang vergangene Kulturen und besitzen ein um das Hundertfache größere Fachwissen als ich.

Aber dennoch könnte es möglich sein, der Welt einige ihrer Geheimnisse abzutrotzen, die Vergangenheit in einer Art zu beleuchten, die neue Einblicke und Erkenntnisse ermöglicht, selbst wenn nicht alles (oder gar nichts!) hiervon zutreffend sein sollte.

Es gibt nämlich in der Geschichte der Menschheit viele Rätsel, für welche die traditionelle Wissenschaft keine rechten Antworten hat. Viele der Tausende an kleinen Mosaiksteinchen, aus welchen uns die Archäologie das vermeintlich feststehende Bild unserer Vergangenheit zusammensetzt, wollen nicht recht zusammenpassen.

Viele der archaischen Gigantenbauwerke wurden auf eine Art erbaut, die uns heute völlig unerklärlich erscheint. Das bekannteste Beispiel ist hier natürlich die Große Pyramide von Gizeh, bei welcher 2,5 Millionen Steine in angeblich 20 Jahren zur Errichtung eines Grabmales aufeinandergetürmt wurden.

Dies würde bedeuten, dass ohne technische Hilfsmittel in dieser Zeit die 2,5 Millionen Steine transportiert, bearbeitet und perfekt eingepasst wurden, also circa ein Stein pro Minute 20 Jahre lang. Man spekuliert über Rampen, Hebemaschinen und vieles andere, doch bis heute gibt es keine schlüssige Erklärung, wie dieses Titanenbauwerk ohne technische Mittel gebaut werden konnte.

Aber auch bei den Dolmen, den Megalithbauten überall auf der Welt fragt man sich: Wie wurden sie errichtet? Von wem? Und warum?

Quasi über Nacht erleben viele Völker einen unerklärlichen „Kultursprung", ohne Vorstufen entstehen auf einmal, wie am Reißbrett geplant, Riesenstädte oder auch die Großen Pyramiden von Gizeh. Quasi aus dem Nichts wurden überall auf der Welt Völker auf eine völlig andere Entwicklungsstufe katapultiert: Die Steinzeitkultur der

Olmeken errichtet plötzlich, ohne erkennbare Vorstufe, in den Dschungeln Süd-Amerikas die wie am Reißbrett geplanten Gigantenstädte La Venta und San Lorenzo Tenochtitlan, deren wahre Namen heute keiner mehr kennt.

Oder das seltsame Phänomen der Kulturregression: Oft sind die ältesten Bauwerke auch die größten, im weiteren Fortgang werden die Bauten kleiner und die Bautechniken primitiver.

Oder das seltsame Phänomen der Kulturentsprechung. Kulturen, welche Tausende von Kilometer auseinander liegen, zeigen seltsame Übereinstimmungen in Bauart, Überlieferungen und Legenden, wie beispielsweise bei der merkwürdigen Ähnlichkeit der Tempelpyramiden in Indien und Mittelamerika.

Gibt es für all diese merkwürdigen Phänomene eine Erklärung?

So wie in Jahrtausenden einmal die Horden nach einem Atomkrieg staunend durch die Kathedralen unserer U-Bahn-Schächte irren werden, ahnungslos vor den Staumauern von längst verschwundenen Stauseen stehen und die Trümmer unserer Kraftwerke als Tempelbauten lang vergessener Götter ansehen werden, so sind wir vielleicht die verirrten Nachkommen von Giganten, aus dem Paradies vertrieben und stehen unwissend vor den Ruinen unserer Urväter.

Zwischenspiel

Der Tempel des heiligen Generators

Draußen vor den Toren des Tempels konnte man die Menge dumpf schreien hören, es klang wie ein fernes Donnergrollen. Sie waren wütend, sie hämmerten gegen die Mauern, sie brüllten, sie johlten.

„Wie die Tiere", dachte G-18, während er fiebrig versuchte, den Generator in Gang zu bringen.

Bruder G-24 in der blutroten Kutte eines Mönches der Bruderschaft des Heiligen Generators eilte auf ihn zu.

„Läuft der Generator, G-18?"

„Noch nicht, Bruder G-24."

„Sie werden uns alle umbringen."

„Ruhig, Bruder, ruhig. Der Orden der heiligen Konservendose hat die Vorräte rationiert, sie haben nur Hunger."

Der Saal im Generator-Tempel war von düsterem Fackelschein erhellt, überall an den Wänden waren Bilder von heiligen Flugzeugen, ehrwürdigen Panzern und göttlichen Geschützen in die Mauern geritzt.

Steinerne Skulpturen von Generatoren, Batterien und Düsentriebwerken standen in kleinen Nischen auf Altären, vor denen Kerzen entzündet waren.

Ein Standbild von J-1309398, dem Obersten der Jet-Piloten, stand in der Mitte des Raumes. Er war einer der letzten der Überirdischen, er war auf den Wolken durch den Himmel geritten, ehe er im Jahre 2789 von den Himmlischen ins Paradies entrückt worden war.

Vor seinem Abbild standen die goldenen Opferschalen. Alles, was die Gläubigen an technischen Relikten finden konnten, den Spuren der Götter, brachten sie J-1309398 zum Opfer dar: Kleine Schrauben, Spiralfedern, Zahnräder.

G-18 atmete tief durch und drehte an der heiligen Kurbel. Der Generator ruckte kurz, doch er wollte einfach nicht anspringen, er war schon an tausend Stellen geflickt mit einfachsten Mitteln.

Die Treibstoffpumpe war bereits überbrückt, die Zündkerze war völlig verrußt, obwohl er sie immer vorsichtig reinigte.

Er blätterte hektisch im heiligen Buch der Tempel-Mechanik, der göttlichen Betriebsanleitung. Dort waren die rätselhaft dunklen Sprüche der Urväter überliefert, über deren Auslegung sich die Weisen schon seit Jahrhunderten das Hirn zermarterten.

Es war in Menschenhaut eingeschlagen und von den Schreibern des Klosters der Maschinen angefertigt worden in goldenen Lettern. G-18 studierte die seltsamen Diagramme und Lehrsprüche, die zehn Heiligen Regeln der Inbetriebnahme, doch er konnte keine Lösung finden.

Der Generator stand auf der Zeremonial-Sänfte mit ihren tausend Glühbirnen und Scheinwerfern. Überall an der Sänfte waren alte Kardanwellen und Kolben befestigt, die Insignien der Macht des Generators. In 5 Minuten sollte die Gerechtigkeits-Zeremonie beginnen, und der Generator lief immer noch nicht!

„Hast du probiert, ob die Riemenscheibe funktioniert?"

„Ja, natürlich"

„Und hast du den Federwiderstand kontrolliert?"

„Selbstverständlich."

„Sie werden uns alle umbringen."

Die Ost-Tür ging auf, und die Priesterschaft der heiligen Patrone kam herein. Sie trugen Schmuck-Munitionsgürtel, ihre Schädel waren geschoren, und jede der Priesterinnen trug ein hölzernes Maschinengewehr, als Zeichen ihrer unendlichen Macht.

In ihrer Mitte ging schwankend das heilige Kind. Seine Lippen waren zugenäht, damit es nichts Schlechtes sagen konnte, seine Hände waren amputiert, damit es nichts Schändliches tun konnte, seine Augen waren ausgestochen worden, damit es nichts Hässliches erblicken musste. Das göttliche Kind war zu rein für diese Welt.

Die Oberpriesterin kam auf ihn zu. Sie trug ihren Zeremonialkopfschmuck aus einem alten Computerbildschirm, der mit Gold und Perlen verziert war.

„Ist alles bereit für die Zeremonie, Bruder G-18? Läuft der Generator?"

„Noch nicht Schwester P-1, aber er wird. Er wird."

Das heilige Kind hielt mit seinen Armstümpfen mühsam ein rotes Samtkissen. Darauf lag eine der Heiligen Patronen. Es war die drittletzte, so munkelte man im Orden.

Dann gab noch 4 oder 5 Platzpatronen und ein ganzes Magazin Tränengasmunition, früher oder später mussten sie darauf zurückgreifen.

Dann würden sie nur noch in die Luft schießen können. Das könnte sicherlich reichen noch einige Zeit, aber die Alphas wurden immer unruhiger. Der Krieg gegen die Chemiewerk-Herzoge im Osten lief schlecht, und die Versorgungslage wurde immer schwieriger.

Die Priesterinnen schlugen langsam mit den gesalbten Motorenkolben auf ihre Gebetstrommeln, doch sie übertönten kaum das Geschrei der Menge vor den Toren.

Die Meisterin des Munitionsmagazins führte das heilige Kind an einer Kette, die um den Hals des Kindes befestigt war. Sie war die Einzige, die das Recht hatte, sich dem gesalbten Kind zu nähern.

Unter der Rezitation des Gebetes des 2. Verfassungszusatzes nahm sie die Heilige Patrone vom Kissen: „Das Recht des Volkes, Waffen zu besitzen und zu tragen, darf nicht beeinträchtigt werden; eine gut bewaffnete und wohlgeordnete Miliz stellt die beste Sicherheit eines freien Landes dar."

Das waren die heiligen Worte des Propheten James Madison, die liturgische Beschwörungsformel der Macht der Heiligen Patrone.

Die Priesterinnen hoben einen goldenen Vorhang rund um die Meisterin des Munitionsmagazines, niemand durfte die geheime Verrichtung mit eigenen Augen sehen.

Dahinter nahm sie jetzt die sakrale Handlung des Ladens vor, jahrelang war sie auf diese Aufgabe vorbereitet wurden, stets wurde dieses Amt von der Mutter auf die Tochter vererbt.

Die Priesterinnen der heiligen Patrone schlugen immer heftiger auf die Trommeln, sie fielen allmählich in Ekstase, sie schwangen ihre Oberkörper hin und her und begannen, sich selbst zu schlagen.

Im Chor riefen sie die Namen der heiligen Zwillingsgötter: „O göttliche Brüder Smith und Wesson, beschirmet uns, o himmlische Schwestern Heckler und Koch, o göttlicher Dumm-Dumm, Krauss und Maffei, schenkt uns Eure Gunst"

Der Vorhang wurde weggezogen, die Meisterin des Munitionsmagazines hielt das Gewehr in die Höhe. Es war nun geladen, die Kraft der Allmächtigkeit war in ihm eingefangen jetzt. Sie überreichte es mit gesenktem Kopf der Oberpriesterin.

„Geladen und entsichert!", sprach die Oberpriesterin und alle sprachen ihr nach im düsteren Chor: „Geladen und entsichert."

Die West-Tür tat sich auf, und der Oberpriester des Donnerwagens mit seiner Bruderschaft trat ein.

Sie alle hatten einen Strichcode auf ihre Stirn eingebrannt, das Zeichen des Rätselvollen Gottes und trugen ihre Schmuck-Lenkräder. Der Oberpriester war ein dicker Glatzkopf mit Ritualnarben überall im Gesicht, er präsentierte stolz seine Rüstung aus perlenverzierten Platinen, die so schwer war, dass er kaum mehr laufen konnte.

G-18 verzog seinen Mund zu einem verächtlichen Grinsen.

Früher war die Bruderschaft des Donnerwagens die mächtigste Kaste im Königreich gewesen, doch seit die letzten Tropfen Benzin für den Generator rationiert wurden, klammerten sie sich nur noch verzweifelt an die letzten Reste ihrer einstigen Größe.

Einstmals, in G-18s Jugend, waren sie noch auf ihren Pickups durch den Tempelhof gefahren, mit ihren Motorrädern hatten sie die Verurteilten gevierteilt, sogar noch ein altes Kettenfahrzeug fuhren sie, auf dem vorne der Thron des Großen Vorsitzenden befestigt war.

Doch diese Zeiten waren lange schon vorbei. Heute wurde ihr Cadillac, verrostet und verbeult, von 2 Ochsen gezogen, die ihn rumpelnd in die Tempelhalle zogen.

Vier Kronleuchter waren an den Ecken des Automobils befestigt, und der Fahrersitz war mit Gold und verchromten Zahnrädern verziert.

Doch die Reifen waren platt, die Karosserie stumpf und verrostet, und die Brüder mussten von hinten anschieben, damit er sich überhaupt bewegte. Aber sie hatten heute noch die Kontrolle über die Branntweinausteilung, und einen Sitz im Rat der Drei, deshalb durfte man es sich nicht ganz verscherzen mit ihnen.

Noch zwei Minuten. G-18 schlug das Herz bis zum Hals.

Wenn er den Generator nicht gleich zum Laufen bringen konnte, würde er in der Organverwertung landen.

Dann bemerkte er es. Der äußere Ring der Freilaufriemenscheibe bewegte sich mit, wenn er am inneren Ring drehte. So konnte er nicht funktionieren! Verdammt, eigentlich müsste der ganze Mechanismus ausgetauscht werden, aber der Hohe Rat des Ersatzteillagers hatte schon lange keine Teile mehr für ihn. Er steckte sein Messer in die Ritze und lockerte die Scheibe etwas.

„Versuche es jetzt einmal. Aber vorsichtig."

G-24 sah ihn an und drehte an der heiligen Kurbel. Der Generator ruckte nur kurz. G-18 schob sein Messer tiefer hinein und schob die zwei Scheiben weiter auseinander. Vielleicht würde er es noch mehr kaputt machen, aber er hatte keine Wahl.

„Nochmal."

G-24 drehte noch einmal, heftiger, doch es geschah nichts. Die Oberpriesterin sah ihn ausdruckslos an. Ein Schauer lief ihm über den Rücken.

Er hatte selbst gesehen, wie sie seinen Vorgänger hingerichtet hatte, nur weil er aus Versehen einen Tropfen Treibstoff auf ihr Gewand hatte träufeln lassen. Er atmete durch und hieb sein Messer richtig tief hinein. Irgendetwas knackte leise. Jetzt war der Generator wohl völlig hinüber.

G-24 drehte noch einmal, diesmal mit aller Kraft. Der Generator ruckte, schwieg kurz, zuckte noch einmal, dann sprang er mit einem wütenden Fauchen an. Tausende von Glühbirnen, die an der Sänfte des Heiligen Generators befestigt waren, wurden plötzlich erleuchtet, die Scheinwerfer strahlten auf, die ganze Tempelhalle wurde vom Licht geflutet.

„Seht, die Geister des Generators sind auf unserer Seite" kreischte G-24 mit seiner hellen Stimme. "Sie haben uns noch nicht verlassen."

Das Süd-Tor ging auf, und die Bruderschaft des Heiligen Generators in ihren blutroten Kutten trat ein, als Letzte, wie immer. Alle Brüder hielten ihr heiliges Zahnrad in den Händen.

Der unsäglich fette Oberbruder G-1 mit seinem juwelenbesetzten Zahnrad auf der Stirn watschelte auf ihn zu, er hatte von den Schwierigkeiten, wie stets, überhaupt nichts mitbekommen.

„Seid ihr bereit, Bruder G-18?"

„Wir sind bereit, Bruder G-1"

Bruder G-1 nickte zufrieden.

Sie alle platzierten sich vor dem großen Tor, das zum Tempelhof führte. Die Priesterinnen trommelten immer heftiger, dennoch hörte man die Menge von draußen rufen und schreien.

Der Bruder vom Orden des Donnerwagens atmete tief durch und hielt das goldene Lenkrad in die Höhe. Alle seine Brüder taten es ihm gleich. Auch alle Jünger des Generator-Ordens hielten ihre Zahnräder über den Kopf, die Priesterinnen reckten ihre Maschinengewehre.

Sie nickten den Türwächtern zu, die Trommeln verstummten plötzlich, und die Tore taten sich auf.

Tausende von Menschen standen auf dem Platz, sie schrien und johlten. Als sie sie erblickten, verstummten alle. Es herrschte Totenstille. Alle blickten gebannt auf sie.

Die Ruinen der Wolkenkratzer schimmerten im Mondlicht. Hunderte von Fackeln beleuchteten den Tempelplatz. An den Laternen baumelten die Leichen des letzten Kreuzzuges gegen die Kraftwerks-Herzöge im Wind.

Ganz vorne stand die Kaste der Alphas mit ihren Ritualtätowierungen von Schraubenschlüsseln auf der Stirn. Dahinter standen die Wracks von Autos und Lastwagen, auf den Ladeflächen drängten sich die Betas in ihren blauen Kutten.

Aus den leeren Fenstern der Wolkenkratzer blickten überall die Epsilons. Sie alle waren nackt und durften das Gelände nicht betreten bei den Zeremonialfeiern. Nur an den Norm-Tagen durften sie überhaupt ihre Gebäude verlassen.

Die Halogenschweinwerfer, die vorne an der Sänfte befestigt waren, schnitten eine Bahn in die schweigende Menge. Das Licht warf tiefe Schatten in ihre Gesichter.

Die Prozession der Hohen Drei setzte sich in Bewegung. Die Sänfte wurde durch die Menge getragen, die sich vor ihnen teilte, schweigend und ehrfürchtig wichen sie zurück. Im Licht der tausend Glühbirnen erstrahlte sie wie eine Sonne in der Nacht.

Der Cadillac blieb immer wieder stecken, doch die Brüder wuchteten ihn weiter.

Das heilige Kind ging den Priesterinnen voraus, alle, an denen es vorbeiging, versuchten vorsichtig, das Kind zu berühren, um an seiner Macht teilzuhaben. Eine Berührung von ihm verlieh einem die unermessliche Kraft des gespalteten Atoms.

Die Bruderschaft des Ordens vom Generator rief im Chor:

„O göttlicher Generator, schenk uns deine Gunst, erleuchte die Dunkelheit, die Macht des Diesels macht uns frei."

Die Oberpriesterin der Heiligen Patrone rief:

„Seht das heilige Maschinengewehr. Es trägt in sich die Kraft des Blitzes. Es vertilgt die Feinde der Drei, es spricht mit der Stimme des Donners."

Der Generator brummte in der Stille, alle, die in seine Nähe kamen, senkten das Haupt. Die Brüder sprengten Tropfen gesegneten Diesels in die Menge. Alle atmeten gierig den Geruch des Heiligen Nektars ein.

Diesel bestand aus den Tränen der Dämonen, es war Wasser des Ewigen.

„Generator der Götter, erhelle die Finsternis mit deiner Macht."

Sie erreichten die Hinrichtungsplattform in der Mitte des Platzes. Die Obersten schritten die Stufen heraus, das göttliche Kind wurde vorsichtig von der Meisterin des Munitionsmagazines die Stufen hinaufgeführt.

Die Drei hielten die Insignien ihrer Macht in die Höhe, das goldene Lenkrad, das göttliche Zahnrad, das heilige Maschinengewehr, und alle in der Menge sanken auf ihre Knie. G-18 bemerkte, dass einige stehen blieben. Er tat, als bemerkte er es nicht.

Es wurde schlimmer jedes Mal.

Der Verurteile wurde gebracht, er war völlig apathisch, er hing beinahe bewusstlos in Armen der zwei Dienerinnen der Bruderschaft der Pille.

Sie verwalteten die Vorräte an Psychopharmaka und anderen Arzneien und hatten den Verurteilten ruhiggestellt.

Er wurde auf den elektrischen Stuhl geschnallt.

Die Hohepriesterin trat vor.

„Bürger von Adaab-City. Alphas, Betas, Epsilons. Sehet Bruder B-1890 von den Betas. Das oberste Gericht von Adaab-City hat ihn zum Tod verurteilt wegen der Verbreitung ketzerischer Schriften. Er hat gegen die Gesetze der obersten Drei verstoßen, er hat häretische Ansichten vertreten. Was hat er verdient?“

„Den Tod“

Die Menge klang dumpf und ausdruckslos.

G-18 musste lächeln. Er hatte nur behauptet, dass der Krieg gegen die Raffinerie-Fürsten im Osten längst verloren war. Das war nichts als die Wahrheit, er hatte einige Verstümmelte von der Ost-Front mit eigenen Augen gesehen, doch der Rat der Drei duldete keinen Widerspruch. Sie würden den Krieg verlieren, drüben in den Ölfeldern hatten die Fürsten angeblich sogar noch einige Panzerfahrzeuge und Granatwerfer, dagegen waren sie völlig machtlos.

Die Exekutions-Priesterin wurde herangeführt, sie war in Trance und hatte Schaum vor dem Mund. Ihre Schwestern murmelten leise Beschwörungsformeln, drückten ihr das Maschinengewehr in die Hände und halfen ihr beim Zielen. Sie durfte nicht danebenschießen.

Das Gewehr war auf Einzelfeuer eingestellt, sie hatten keine Munition zu verschwenden.

Die anderen Priesterinnen begannen wieder zu trommeln und wiegten sich im Takt ihrer infernalischen Musik.

Was waren das einst für Zeiten gewesen! Früher, noch in den Zeiten der großen Reaktorkriege, da waren sie auf ihren Pickups durch die Menge gefahren, sie hatten johlend in die Luft gefeuert, sie hatten manchmal sogar Handgranaten auf die Verurteilten geworfen.

Als Kind hatte G-18 noch Hubschrauber der West-Allianz gesehen, die über den Himmel flogen. Er hatte noch der goldenen Panzer-Armee der Neo-Templer zugewinkt, als sie zu ihrem letzten Kreuzzug nach Arabica aufbrachen.

Doch das war lange, lange her.

Dann stoppte die Musik plötzlich, alle hoben die hölzernen Maschinengewehre in die Luft. Einen kurzen Augenblick lang herrschte völlige Stille.

Der Schuss hallte weit über den Tempelplatz. Die Menge zuckte zusammen, und einige warfen sich auf den Boden.

Die Kugel traf den Verurteilten rechts an der Schulter.

Er ächzte und japste.

Verdammt, so etwas durfte nicht passieren.

Die Scharfrichterin trat schnell hinzu und schnitt ihm die Kehle durch. Das Blut floss ihm die Brust herunter.

Seine Leiche würde nun verwertet werden, sein Fleisch verzehrte man in der heiligen Messe der Flexitarier, seine Haut würde zu Zeremonialleder verarbeitet werden, der Oberste Rat trug traditionell immer einen Mantel aus Menschenhaut, und seine Organe wurden in der heiligen Lotterie verlost.

Es herrschte Schweigen. In der Stille schritten die Obersten die Stufen vom Hinrichtungsplatz herunter.

Die Prozession kehrte langsam zurück. Die Menge war seltsam, eine mürrische Stille lag über dem Platz. Sie waren nicht so recht befriedigt.

Den Cadillac auf dem schlammigen Boden zu wenden, war schwierig, die Kronleuchter schwankten und klirrten, und der Oberbruder konnte sich kaum gerade halten.

Sie würden bald einmal darüber reden müssen, ihn auszuschließen von der Prozession.

Früher waren die Gerechtigkeits-Zeremonien immer in einem großen Fest geendet, mit einem Monster-Truck war man unter dem Jubel der Epsilons über die Autowracks gefahren. Sie hatten sogar noch einen alten Computerbildschirm zum Laufen gebracht und ihnen einen Bildschirmschoner gezeigt, ein Bild aus dem Reich des göttlichen Jenseits.

Damals war die Herrschaft des Rats der Drei noch unangefochten.

Die Tore schlossen sich hinter ihnen. Der Oberbruder ließ erschöpft das Lenkrad sinken.

Die Oberpriesterin sah müde zu ihm. Sie wusste, es war knapp gewesen. Es hatte zwar geklappt, das würde ihnen einige Wochen Ruhe bringen, aber nicht allzu lange.

G-18 schaltete den Generator rasch aus, sie mussten Treibstoff sparen. Die plötzliche Stille und Dunkelheit in der Tempelhalle hatte etwas Unheimliches.

G-24 strahlte ihn an.

„Ich habe es doch gesagt."

„G-24, ich glaube, der äußere Ring der Freilaufriemenscheibe ist hinüber. Ich weiß nicht, ob er nochmal anspringt."

„Du musst Vertrauen haben, G-18. Die Götter sind auf unserer Seite."

Er lächelte ihn selbstzufrieden an und ging davon.

Auch die anderen verließen die Tempelhalle, die Tore schlossen sich mit dumpfen Knallen hinter ihnen. Das Echo hallte noch lange nach.

G-18 blieb allein zurück. Er sah sich den äußeren Ring genau an. Er war beim Ausschalten anscheinend endgültig auseinandergebrochen. Noch einmal würde der Generator nicht anspringen.

G-18 atmete tief durch. Draußen vor den Toren des Tempels war Schweigen. Kein Laut.

Belt fil-bahar

SOUNDTRACK: *„The Carnival is over“ von Dead Can Dance*

FILMLINK: Die versunkene Stadt Belt fil-bahar

Hier können Sie einige Bilder der versunkenen Stadt sehen.

https://youtu.be/FbJvovMlc7M

Das Boot schaukelt im stürmischen Wellengang, am Horizont kreuzen überall Kriegsschiffe, und es herrscht eine starke Strömung.

Trotz der widrigen Bedingungen wollen wir heute einen anderen Teil des Meeresgrundes vor Malta untersuchen, nachdem wir vorher das Gebiet Gebel gol-bahar erkundet haben. Neben diesem Areal fällt der Meeresgrund steil ab in unergründliche Tiefen und bildet eine Art Tal, auf der anderen Seite soll sich nach Aussage meines Tauchguides ein weiteres Ruinenfeld befinden, bedeutend größer und noch monströser.

Verlief hier einst vor dem Ende der letzten Eiszeit, als der Meeresspiegel noch deutlich tiefer lag, ein Fluss, und lag an dem gegenüberliegenden Ufer der Anlage Gebel gol-bahar eine Stadt, welche längst vergessen und verfallen ist?

Mein Tauch-Guide Raymond Casey, der meine mittelmäßigen Tauchkünste stets mit amüsierter Geduld betrachtet, und ohne den ich die Anlage nicht einmal gefunden hätte, kennt das ganze Gebiet wie seine Westentasche, dem wir den Namen „Belt fil-bahar“ gegeben haben, „Stadt im Meer versunken“. Der gesamte Verdienst der Erforschung dieser Entdeckung gebührt neben Hubert Zeitlmair und seinen beiden Tauchern Shaun und Kurt Arrigo eindeutig ihm.

Ich selbst bin an den meisten Funden vorbeigeschwommen und habe auf seine Zeichen hin die erstaunlichen Relikte zumeist erst bemerkt.

Die ausführlichen und tiefsinnigen Darlegungen meiner Theorien zu dem Gelände, welche ich ihm nach jedem Tauchgang begeistert mitteile, scheint er allerdings, zu meinem leisen Verdruss, nicht allzu überzeugend zu finden. Sobald ich meine Ansichten ausführe, wird sein Gesicht stoisch ausdruckslos, und er wartet still leidend ab, bis ich fertig bin, um dann fortzufahren, als habe er mich nicht gehört. Ich versuche, dieses mit Fassung zu ertragen.

Abb. 13: Das Ruinenfeld „Belt fil-bahar", die Trümmer einer versunkenen Stadt? (Bildquelle: Thorsten Morawietz)

Wir tauchen zu dem Gelände hinab.

Und tatsächlich: Wie von Riesen aufgehäuft, liegen gigantische Steinblöcke umher, monströse riesige Steinquader, zyklopische Monolithen. Das Gelände ist gewaltig und verliert sich im ewigen Blau des Meeres.

Wo auf dem Areal von Gebel gol-bahar nur vereinzelte Monolithe verstreut liegen, befindet sich hier ein regelrechtes Meer von Steinen, ein schier endloses „Ruinenfeld". Welcher Sturm der Zerstörung mag hier einst vor Jahrtausenden gewütet haben?

Abb. 14: Einer der Stufensteine.
(Bildquelle: Thorsten Morawietz)

Abb. 15: Treppenstufen auf dem Meeresgrund.
(Bildquelle: Thorsten Morawietz)

Abb. 16: Ein Misqa-Tank auf dem Meeresgrund?
(Bildquelle: Thorsten Morawietz)

Und in der Tat liegt zwischen den Steinblöcken eingeklemmt ein merkwürdig zylindrisch geformtes Teil, das selbst noch auf den zweiten Blick seltsam technologisch wirkt.

Als mein Tauchguide vorsichtig daran kratzt, kommt tatsächlich eine metallisch schimmernde Oberfläche zum Vorschein.

Meine Aufregung kennt keine Grenzen! Ist dies vielleicht der langersehnte Beweis für eine technologische Hochkultur, finden wir tatsächlich hier auf dem Meeresgrund ein jahrtausendealtes technologisches Artefakt?

Es ist ein zylindrisches Gebilde, viel zu geometrisch geformt, als dass es natürlichen Ursprungs sein könnte! Am oberen Ende ist es halbrund abgeflacht, am unteren Ende ragen einige flossenähnliche Gebilde heraus. Um was kann es sich nur handeln? Ein Fundstück außerirdischer Technik? Das Relikt einer vorzeitlichen Hochzivilisation?

Ich versuche, das seltsame Etwas aus den Steinen zu lösen, um es genauer zu betrachten, während ich mich schon auf den Titelseiten aller Zeitungen weltweit sehe, als plötzlich mein Tauchguide heftig gestikuliert, dass wir verschwinden sollen.

Ich bin etwas verdrossen und versuche, mir den Platz zu merken, um später zurückzukommen und den Fund genauer zu untersuchen.

Nach dem langsamen Auftauchen, bei welchem ich bereits die Grundzüge meiner Dankesrede für den Erhalt des Nobelpreises konzipiere, wird mein Enthusiasmus allerdings etwas gebremst, als mir Casey den Grund für unseren plötzlichen Aufbruch mitteilt.

Bei dem zylindrischen Gegenstand handelte es sich keinesfalls um ein Fundstück aus grauer Vorzeit, sondern vielmehr um eine Fliegerbombe aus dem 2. Weltkrieg, welche damals in riesiger Anzahl abgeworfen wurden. Die Italiener hatten den Auftrag von der deutschen Nazi-Regierung zur Bombardierung Maltas bekommen.

Doch da die Italiener aus geschichtlichen Gründen den Maltesern schon immer sehr verbunden waren, warfen viele Piloten die Bomben mit Absicht bereits vor dem Erreichen der Küste ab, so dass heute noch viele davon auf dem Meeresgrund zu finden sein sollen.

Zum Glück ist diese Bombe bei unseren Untersuchungen nicht hochgegangen. Damit wäre unsere Forschungsaktion allerdings in die internationalen Schlagzeilen gekommen, aber auf eine eher unschöne Art.

Bei den nächsten Tauchgängen versuche ich also, mögliche außerirdische Gerätschaften weiträumig zu umschwimmen, denn immer wieder finden wir später auf dem Gelände Bomben, Flugabwehrmunition und andere Sprengmittel.

In Deutschland würde das gesamte Gelände aus Sicherheitsgründen wahrscheinlich für Taucher gesperrt werden, hier auf Malta interessiert das keinen.

Bislang ist allerdings noch keine Bombe hochgegangen, hoffentlich bleibt das so. Die einzigen Menschen, die wir mit unseren Tauchgängen gefährden sind übrigens wir selbst, das komplette Gelände ist immer menschenleer.

Immer wieder scheinen in dem wüsten Gesteinsfeld einige künstlich wirkende Strukturen auf, die Spuren von Treppen, rechteckige Aussparungen, Quader, Säulenreste, Plattformen.

Vor meinem inneren Auge erscheint eine Stadt mit gewaltigen Anlagen, mehrgeschossigen Bauten, welche einstmals in ihrer Blüte dann einem furchtbaren Angriff zum Opfer fiel. Ich sehe in meiner Phantasie die bizarre Architektur einer atlantischen Stadt, mit Säulengängen, deren zerstörte Überreste unter mir auf dem Meeresgrund, von Moos überwachsen, die Ewigkeiten durchdämmern, sehe riesige, reich geschmückte Paläste, deren Fundamente aus den verstreuten Trümmern ragen, ich sehe schattige Plätze und zauberhafte Alleen, von den unbekannten Baumeistern durchwandert.

Hier muss einstmals eine furchtbare Zerstörung stattgefunden haben, welche diese Anlage bis auf die Grundmauern zerstörte.

Fiel diese Stadt, bevor sie dann in den Fluten des Meeres versank, einem urzeitlichen Bombenangriff mit Flugmaschinen unbekannter Art zum Opfer?

Wurde diese Stadt einst in einem „Götterkrieg" vernichtet, welcher die urzeitliche Kultur der sogenannten „Tempelbauer" quasi über Nacht vernichtete? War dies der eigentliche Grund für das Verschwinden der Schöpfer der titanischen Megalith-Bauwerke? Die Trümmer einer Stadt, welche einem Bombenangriff zum Opfer gefallen ist, ähneln in ihrer Wüstheit dem Anblick dieses gigantischen Gesteinsfeldes. Wurde diese uralte Stadt oder Anlage vor Jahrtausenden buchstäblich „in die Steinzeit" zurückgebombt?

Beim langsamen Auftauchen erfasst mich ein kalter Schauder, ich glaube, noch über die Jahrtausende hinweg die Aura einer furchtbaren Zerstörung zu spüren, welche hier einst vor Äonen tobte.

Gibt es noch andere Hinweise auf solche Angriffe aus der Luft, auch bei den sogenannten „Tempelbauten" auf Malta?

Der Zorn der Götter

SOUNDTRACK: *„Einzug der Götter in Walhall"*
von Richard Wagner

Die strafenden Götter kommen aus den Himmeln herab und schlagen die Sterblichen mit ihren furchtbaren blitzeschleudernden Waffen.

Auf stählernen Feuerrössern reiten sie auf dem Sturmwind, lassen Feuer regnen auf ihre frevelnden Untertanen und strafen sie für ihren Hochmut.

Ist die Angst vor den zornigen Herrschern, die aus dem Himmel herabstürzen und die Menschen mit Donner strafen, auf tatsächliche Geschehnisse gegründet?

Abb. 17: Die unterirdischen Städte in Kappadokien.
(Bildquelle: Wikimedia/Ziegler 175)

Überall in der ganzen Welt findet man Bauwerke, welche die Menschen in panischer Angst vor Angriffen aus der Luft gebaut zu haben scheinen.

Die Drachenhäuser in Griechenland beispielsweise sind uralte Megalith-Bauten mit wuchtigen Dachsteinen, deren Ursprung und Sinn ungeklärt ist.

In Kappadokien gibt es riesige unterirdische Städte mit Sälen, Gewölben, Gängen, die sich viele Stockwerke tief unter der Erde erstrecken.

Tausenden von Menschen sollen diese unterirdischen Städte einst Schutz geboten haben. Man mag sich kaum vorstellen, wie sich hier vor Urzeiten unzählige Menschen in völliger Dunkelheit zusammendrängten.

Riesige Verschlusssteine können vor die engen Ausgänge gerollt werden, um die ganze Anlage hermetisch von der Außenwelt abzuriegeln.

Ein seltsamer Plan, denn es wäre dann ein Leichtes gewesen, diese Stadt zu belagern und auszuhungern.

Wovor hatten die Menschen einst solch panische Angst? Welcher Schrecken der Vergangenheit brachte sie einst dazu, sich in völliger Dunkelheit und schrecklicher Enge in die Tiefen der Erde zu verkriechen? Was fürchteten sie so sehr?

In China, in Huangshan, entdeckte ein Bauer erst vor einigen Jahrzehnten ein riesiges Höhlensystem, in den Stein geschlagene riesige Hallen.

Domartige Riesengewölbe erstrecken sich über hunderte von Metern, in den Untergrund geschlagen, bis zu 18 Meter hoch und unglaubliche 12.000 Quadratmeter groß.

Abb. 18: Die Höhlen in China (Bildquelle: shutterstock.com*)*

Niemand in China (oder in der ganzen Welt) wusste mehr von diesen gewaltigen unterirdischen Anlagen, sie waren komplett aus dem Gedächtnis der Menschheit verschwunden. So weiß also heute niemand, wer einst die Baumeister dieser gigantischen Anlagen waren. Welchen Namen haben sie einst ihrem monumentalen Bau gegeben? Und zu welchem Zweck haben sie ihn geschaffen?

Verschollene Völker mit Baumeistern, welche über ein Riesenwissen und hoch entwickelte Fertigkeiten verfügt haben müssen, sind ohne Spur vom Antlitz der Erde verschwunden.

Wurde der Bau dieser Anlagen vielleicht aus bestimmten Gründen derart geheim gehalten? Waren es verborgen gehaltene Schutzbunker, Geheimanlagen, um sich zu verbergen vor dem Zorn des Himmels?

Wenn man genauer hinschaut, verhält es sich weltweit oft wie bei den Anlagen in Malta, keiner weiß, wer diese gigantischen Bauwerke einst errichtete.

Jahrhunderte, ja, vielleicht sogar Jahrtausende waren diese Anlagen völlig unbekannt, aus dem Gedächtnis der Menschheit getilgt.

Und sie wurden alle nur durch reinen Zufall entdeckt. Wer weiß also, welche ungeheuren Entdeckungen noch auf uns warten, welche jahrtausendealten Rätsel unter dem Asphalt unserer Städte begraben liegen.

Welche panische Angst müssen die Menschen in grauer Vorzeit einst gehabt haben.

Es scheint, als habe es damals furchtbare Angriffe gegeben, welche die Menschen so sehr in Panik und Schrecken versetzten, dass sie sich tief in das Innere der Erde gruben und sich Schutzbauten aus riesigen Steinen schufen, um sich vor diesen Attacken, vor dem „Zorn der Götter" zu schützen.

Waren die vermeintlichen „Tempel" auf Malta in Wahrheit zu Teilen eine Art Bunkeranlage?

Merkwürdigerweise fand man bei keinem der sogenannten „Tempelbauten" eine Dachkonstruktion, manche Forscher vermuten ein Dach aus Fellhäuten oder eine einfache Holzkonstruktion.

Dieses mutet allerdings merkwürdig an. Solche titanenhaften Bauten aus tonnenschweren Monolithen sollten als Dach nur ein zerbrechliches Konstrukt aus Tierhäuten gehabt haben?

Bestanden vielleicht die Dächer einstmals ebenfalls aus gigantischen Steinblöcken, wurden diese bei einem Angriff aus der Luft zerstört und einzig die Mauern blieben stehen? Und wurden die zerstörten Reste des als Schutzdaches dienenden Gesteins dann von den späteren Bewohnern als weiteres Baumaterial genutzt und sind deshalb verschwunden? Ist dies vielleicht die Lösung des Rätsels der Tempel ohne Dächer?

Die mysteriöse Kultur, welche einstmals diese Bauten auf Malta erschaffen hatte, verschwand dann quasi über Nacht vom Antlitz der Erde.

Zuvor scheint die Kultur der „Tempelbauer" lange Jahrtausende völlig unangefochten über ihr Reich geherrscht zu haben.

Plötzlich wurden die Bautätigkeiten quasi von einem Tag auf den anderen eingestellt. Bis dahin scheint es auch keinerlei Waffen oder kriegerische Konflikte auf Malta gegeben zu haben, nirgendwo fand man aus der Zeit der Megalith-Bauten Spuren von Schutzmauern oder Ähnlichem. Diese Kultur schien damals keinerlei Feinde gehabt zu haben. Ist dies das Anzeichen einer technologischen Überlegenheit, welche jeden Konflikt mit den anderen „Urmenschen" ausschloss?

Nach dem unerklärlichen Verschwinden dieser einstigen Hochkultur schien sich die Lage dann aber dramatisch geändert zu haben: Aus jüngerer Zeit findet man auf Malta dann plötzlich überall Spuren von Schutzmauern, Waffen und kriegerischen Auseinandersetzungen.

Plötzlich scheint die völlige Unangreifbarkeit der maltesischen Kultur ein Ende gefunden zu haben, andere Völker fielen auf die Insel ein und nahmen vielleicht furchtbare Rache für die Unterdrückung durch die einstigen Herren.

Welche Art von Katastrophe mag sich damals vor Jahrtausenden abgespielt haben, welcher längst vergessene Konflikt brach aus, in den Fluten der Vergangenheit versunken? Tobte hier einst ein Krieg der Menschen, welche sich gegen ihre Herrscher erhoben?

In den Mythen und Legenden der Menschheit hat sich die Erinnerung an dieses urzeitliche Armageddon bis heute bewahrt.

Überall auf der ganzen Welt gibt es Legenden über einen Krieg der Götter, welcher vor circa 10.000 Jahren stattgefunden zu haben scheint. Die ältesten überlieferten Schriften wimmeln geradezu von

Feuer, das aus den Himmeln herniederstürzt, von strafenden überirdischen Herrschern und von furchtbarer Zerstörung.

Gibt es nicht nur auf Malta, sondern überall auf der ganzen Welt, Spuren dieser vergessenen Zivilisation, dieses versunkenen Königreiches?

Wenn an meiner absurd klingenden Theorie auch nur ein Fünkchen Wahrheit sein sollte, so müssten sich ja überall auf der Welt Spuren dieses verlorenen Reiches finden. In den Überlieferungen überall auf dem Erdball müsste man Spuren dieser hochtechnologischen Zivilisation erkennen können, und es dürften auch in anderen Gegenden der Welt Spuren, Ruinen und Relikte dieser einstigen Göttervater zu finden sein.

Der Weg zu den Antworten auf all diese Fragen führt uns tiefer hinunter in die dunklen Gewölbe der Vergangenheit, in die Kellergeschosse der jahrtausendealten Überlieferungen, in ferne Kontinente, in denen einst die Giganten in Feuerwägen über die Himmel reisten.

Technik-Götter im fernen Asien

SOUNDTRACK: *„Maru Bihag" von Shruti Sadolikar*

Auf den Straßen Delhis sind Tausende Menschen unterwegs. In der unerbittlich flirrenden Hitze eilen sie zu einer gigantischen Bühne, welche von Musikern, Feuerspuckern und phantastisch kostümierten Schauspielern bevölkert ist.

Hier soll gleich die längste und aufwändigste Theateraufführung der Welt stattfinden, gegen welche selbst Wagners „Ring des Nibelungen" klein und bescheiden wirkt. 14 Tage lang wird jeweils 6 Stunden das „Ramayana" gespielt (eine Gesamtlänge von über 50 Stunden!), ein uraltes Epos, welches seit über zwei Jahrtausenden eine bedeutende Rolle in Indien spielt.

Bei diesem Spektakel Ram Leela, welches live im indischen Fernsehen übertragen wird, fliegen Dämonen an Drahtseilen durch die Luft, es wird getanzt, gesungen und gekämpft, Feuerakrobaten wechseln mit Kinderchören und Bollywood-artigen Massentänzen, zwischendurch halten auch einmal eine halbe Stunde Politiker ihre Reden, Zeit hat man ja genug.

Gibt es auch im fernen Asien Hinweise auf diese uralte Hochkultur? Da unsere ersten Ergebnisse auf Malta derart spannend waren, beschließe ich, auch in Indien und Sri Lanka nach den Spuren und Ruinen dieses vergessenen Königreichs zu suchen.

Denn auch hier wimmelt es nur so von Hinweisen auf ein untergegangenes Reich der Titanen.

Fliegende Helden in Himmelsstädten, die mit Feuer und Donner durch die Lüfte ziehen. Mächtige Waffen, die Feuerstrahlen abfeuern, Dämonen in metallenen Rüstungen ziehen mit furchtbarer Zerstörungskraft durch brennende Städte, Mischwesen, welche die Sterblichen unterjochen.

Das altindische Epos „Ramayana“ aus dem 4. Jahrhundert vor Christus, das aber auf noch viel älteren Überlieferungen beruht, ist ein unerschöpfliches Panoptikum der bizarren Wunderwesen und merkwürdigsten Schilderungen von Zauberkräften, die an missverstandene Technologie erinnern. (2)

Der Dämonenkönig Ravana entführt im „Ramayana“ die Geliebte des Prinzen Rama mit seinen fliegenden Dämonen nach Sri Lanka. Prinz Rama führt daraufhin seine Armee über das Meer, und es findet eine gewaltige Schlacht um Ravanas Palast statt, mit Waffen und Kriegsmaschinen, die an Panzerfahrzeuge, Unterseeboote und Raketenwerfer erinnern.

Abb. 19: Ram Leela-Aufführung in Indien.
(Bildquelle: Ankit Gupta)

Sind die Gestalten der asiatischen Mythologie in ihrer abgründigen Fremdartigkeit die ferne Erinnerung an tatsächliche Geschehnisse, welche sich einst vor Jahrtausenden auf der Erde zugetragen haben?

Es tummeln sich in diesem merkwürdigen Epos fliegende Dämonen, feuerspeiende Maschinen, es wird pfeilschnell über Berge und Meere hinweg gereist, und man findet bei genauerem Hinsehen viele Passagen, welche an die Schilderung von prähistorischen Flugmaschinen und Waffensystemen denken lassen.

Im Kapitel „Dushans Tod" in Buch 3 des Ramayana kämpft Prinz Rama beispielsweise gegen einen Dämon:

„Held Rama schickte mit scharfen Pfeilen, die wie Gold oder Diamanten glänzten und so hell wie eine Flamme strahlten, den Rest der Dämonenarmee in den Tod. Diese Pfeile mit goldenen Federn am Schaft entfalteten sich wie Rauchkringel und schlugen den Feind, wie große Bäume von roten Blitzen aus dem Firmament gerodet werden. Hundert gut geschärfte Pfeile waren es, und von ihren scharfen Spitzen fiel noch eine Hundertschaft. Und tausend und noch tausend mehr lagen im Blut mit gerissener Rüstung."

Abb. 20: Der Dämon Ravana in seinem fliegenden Wagen. (Bildquelle: reddees/shutterstock.com)

Wirkt dies nicht exakt wie eine prähistorische Beschreibung eines Bombenkrieges, bei welchem Brand- und Splitterbomben eingesetzt werden („Hundert gut geschärfte Pfeile waren es, und von ihren scharfen Spitzen fiel noch eine Hundertschaft")?

Und kurz darauf beim Kampf mit Trishira: „Der Gigant nähert sich von einem glänzenden Wagen getragen, von gerüsteten Pferden schnell gezogen und wie ein Berg mit dreifachem Gipfel suchte er eilends den Prinzen. Und wie eine große Wolke sandte er seinen Pfeileregen aus mit viel Gebrüll, das wie das tiefe, verdrossene Gedröhn aus feuchten, misstönenden Trommeln klang."

Dies erinnert an die Schilderung eines Angriffs mit einer prähistorischen Flugmaschine, welche laut dröhnend („das tiefe, verdrossene Gedröhn aus feuchten, misstönenden Trommeln") über die Angegriffenen hinwegfliegt und sie mit einem Bombenteppich überdeckt („wie eine große Wolke sandte er seinen Pfeileregen aus").

Und so geht es immer weiter, der Dämon Khara schleudert seine Keule „wütend auf Rama wie einen roten, feurigen Blitz, sie sandte glühende Pfeile aus, während sie flog. Bäume und Büsche wurden unter dem Feuerstoß verbrannt." Welche Keule sendet feurige Blitze aus und verbrennt Bäume und Büsche?

Der Gigantenkönig Ravana fliegt in seinem Wagen, welcher an eine prähistorische Flugmaschine gemahnt: „Der sonnenhelle Wagen ließ den Himmel auf seinem Flug mit Licht erstrahlen. Hoch in der Luft verfolgte der Beste der Wagen den Weg der Sterne und sandte eine beunruhigende Strahlung aus, wie bleiche Mondstrahlen, die durch einen Wolkenschleier fließen." Der Wagen fliegt „mit Gebrüll, so laut wie Donner aus einer regenschweren Wolke.".

Öfter wirken die beschriebenen Dämonen wie der Nachhall von monströsen Maschinen: „Das Wesen stand vor ihnen, grässlich und furchtbar, ohne Hals oder Kopf. Es war groß wie ein Berg hoch droben in den Lüften. Tief unterhalb der Taille war sein riesiger, ungestalteter Mund. Seine Gestalt war gigantisch und die Stimme so laut wie die einer tintenschwarzen Donnerwolke.“ Der „Mund unterhalb der Taille“ könnte eine Geschützluke oder Ähnliches sein.

In der finalen Schlacht um Sri Lanka wirft der Gigantenkönig Ravana seine furchtbarste Waffe, den riesigen Dämon Kumbhakarna in die Schlacht.

Der Gedanke, dass dies kein Gigant, sondern eine Maschine ist, wird selbst seltsamerweise angesprochen:

„Täusche ihren Geist mit hoffnungsvollen Worten und lass die zitternden Heere glauben, dass dies kein Gigant ist, den sie sehen, sondern eine geschickt gebaute, leblose Maschine."

Abb. 21: Der Dämon Kumbhakarna in einer balinesischen Theateraufführung. (Bildquelle: Wikimedia, Flying Pharmacist)

Einem vorzeitlichen Panzer gleich rollt er auf die feindlichen Heere zu:

„Ihre Geschosse regneten auf seine Glieder, doch er stand unbewegt und ertrug ruhig ihre Schläge. Er schien sogar die Hiebe nicht zu bemerken, welche ganze Felsen seinem Körper beibrachten. So schrecklich wie die Flamme in trockenen Wäldern griff er mit Zorn in den Augen an. Und wie Bäume von der glühenden Flamme verzehrt werden, fielen sie unter den Füßen des Giganten."

Als die gigantische Kriegsmaschine allmählich beschädigt wird, beginnt sie von innen her zu brennen: „Als Kumbhakarna jenen tödlichen Hieb fühlte, brach aus seinem riesigen Mund Feuer und Rauch hervor.

Doch schließlich fiel er durch Ramas unvergleichliche Stärke, und nun liegt sein zerfleischter Rumpf so groß wie ein mächtiger Berg hingestreckt am Boden. Und wo er hinfiel, diese blutende Masse, da blockiert er Lankas Tor, dass niemand es passieren kann."

All diese bildgewaltigen Schilderungen erinnern weniger an einen überweltlichen Dämon als an die schreckenserfüllte Beschreibung einer unförmigen Kriegsmaschine; am Ende liegen die rauchenden, brennenden Trümmer eines kampfunfähig geschossenen Panzers auf dem Schlachtfeld.

Wenn wir den faszinierenden Götterpantheon der asiatischen Kultur und Philosophie einmal unter dem Blickwinkel der Theorie einer uralten, verschütteten Hochkultur betrachten, dieses Panoptikum der Mischwesen, Helden und Titanen, mit ihrer unendlichen Vielfalt von Mythen, Sagen, Legenden und Überlieferungen, in denen es vor Kriegen in den Himmeln nur so wimmelt, in welchen Schlachten mit fliegenden Städten in den Himmeln ausgefochten werden, wo überirdische Wesen die Sterblichen erschaffen, lieben und vernichten, so verwandeln sich die geheimnisvollen Gestalten des indischen Götterhimmels plötzlich in ferne Erinnerungen an missverstandene Technologie in grauer Vorzeit.

Es öffnet sich plötzlich vor unseren Augen ein Kosmos voller bizarrer Mischwesen, Götterkriege, fliegenden Himmelswagen und Titanen, die zu den Menschen hinuntersteigen.

Szenenwechsel.

Bei irrsinniger Hitze erklimme ich die Stufen der senkrechten Felswand der Felsenfestung Sigiriya auf Sri Lanka.

Sri Lanka, diese zauberhafte Insel voller dampfender Dschungel, geheimnisvoller Höhlentempel und wunderbarer Strände, Heimat des Gigantenkönigs Ravana aus dem „Ramayana", ist meine nächste Station auf der Jagd nach dem vergessenen Königreich.

Abb. 22: Die Stadt in den Wolken Sigiriya. (Bildquelle: Wikimedia/dronepicr)

Wie eine Vision erhebt sich der markante Felsen aus den Dschungeln Sri Lankas in die Höhe, 200 Meter hoch ragt das Steinungetüm steil in den Himmel. Oben auf dem völlig unzugänglichen Plateau sind heute noch die Fundamente von gewaltigen Anlagen und Palästen zu sehen.

Mindestens 3 Millionen Steine wurden dort oben verbaut.

Angeblich wurde Sigiriya im 5. Jahrhundert von einem König Kasyapa errichtet. Doch die einzigen Informationen hierüber stammen aus einer einzelnen uralten Quelle, der Chronik Mahavamsa, es gibt seltsamerweise (wie bei der Großen Pyramide) keinerlei andere Aufzeichnungen über die Baumeister. Ob sich dies also wirklich so verhält, ist äußerst ungewiss. Der Ursprung dieser Wolkenstadt verliert sich in der unergründlichen Tiefe der Vergangenheit.

Es sind in der Neuzeit metallene Treppen aufgestellt worden, durch welche man in schwindelerregender Höhe die senkrechte Felsenwand emporsteigt. Ohne Hilfsmittel sind die glatten Wände unmöglich zu überwinden.

Unwillkürlich denkt man: Wie haben die Menschen es vor hunderten, ja tausenden von Jahren fertig gebracht, diese Stadt auf dem kaum erreichbaren Hochplateau zu errichten? Ist der Bau dieser Anlage wirklich ohne technische Möglichkeiten denkbar?

Verfügten sie über Hilfe?

An den Steilwänden Sigiriyas gibt es verschiedene Strukturen, welche nach technischer Bearbeitung aussehen. Es sind Stufenstrukturen in den Fels gefräst, die allerdings lotrecht die Felswand emporsteigen, von Menschen können diese Tritte also nicht benutzt worden sein. Auch andere Einkerbungen, Rillen und Bohrlöcher sind zu sehen.

Wie wurden sie in die senkrechten Wände gefräst? Welche Gerätschaften waren dort wohl einstmals befestigt? Was geschah hier einst vor Jahrtausenden?

Das Gefühl, ein mythisches, geheimnisvolles Heiligtum der Vergangenheit zu betreten, vor einem unergründlichen Mysterium zu stehen, wird durch eine japanische Senioren-Reisegruppe, die mich seltsamerweise mühelos überholt, nur unwesentlich getrübt. Betritt man dann den höchsten Bereich dieser Felsenfestung, so läuft man staunend durch die Reste einer meterhohen Löwenskulptur, zwischen den zwei Riesentatzen führt der Weg weiter hinauf. Ist die Ähnlichkeit mit der katzenhaften Sphinx in Gizeh ein bloßer Zufall?

Je öfter ich im „Ramayana“ lese, desto tiefer ich in die Geheimnisse dieses titanischen Werks eindringe, desto mehr wächst in mir die Überlegung:

Können wir den Göttern, Dämonen und Mischwesen auf die Spur kommen, ihre Fußabdrücke über die Jahrtausende hinweg auffinden, ihre jahrtausendealten Spuren noch auffinden in den Tiefen des Dschungels und auf dem Grund des Meeres?

Ein kalter Schauder fasst mich an (trotz der 40 Grad im Schatten) bei dem Gedanken, dass ich vielleicht gerade durch die Ruinen von Ravanas prächtigem Palast wandele.

Wenn man die mehreren tausend Seiten des unergründlichen Epos „Ramayana“ mit solchen Augen liest, so glaubt man immer wieder in den Schilderungen reale Landschaften zu erkennen, so dass ich aus den jahrtausendealten Erzählungen Hinweise auf versunkene Anlagen aufzufinden glaube, auf überwachsene Trümmer urzeitlicher Bauwerke, auf heute vom Dschungel verschlungene Landebahnen.

Es war ein faszinierendes Gedankenspiel, zu versuchen, aus uralten Texten Hinweise auf die Gegenwart herauszulesen und diese zu erforschen.

Sri Lanka hat extrem markante Felsenlandschaften, Bergketten und Schluchten. Hinter den poetischen Schilderungen von den tausendtürmigen Palästen der Dämonenkönige und den Kriegsfestungen der Überirdischen könnten sich also reale Plätze verbergen, welche heute, durch Ansteigen des Meeresspiegels, teilweise auf dem Meeresgrund liegen.

Könnte ich solche Anlagen tatsächlich finden, wäre dies ein starker Hinweis darauf, dass die irrsinnigen Schilderungen des „Ramayana“ auf wirklichen Geschehnissen beruhen, auf tatsächlichen Schlachten der Götter in fliegenden Himmelswagen.

Lassen sich die Paläste der mythischen Gestalten vielleicht wiederfinden in der Wirklichkeit, vom Dschungel überwachsen oder auf dem Meeresgrund versunken? Lassen sich die Tankanlagen der göttlichen Flugwägen auffinden, die Bombenkrater der Fluggeschosse des Prinzen Rama, die Kriegsfestung des Dämonenkönigs?

Wir werden die jahrtausendealten Zeilen des fantastischen Epos „Ramayana" als eine Landkarte benutzen, um nach seinen Schilderungen weitere Überreste dieses vergessenen Reiches zu finden.

Die Höhlen, in welchen sich Dämonen verbergen, waren vielleicht einst in den Fels geschlagene Landestationen, wo die Fluggeräte vor feindlichem Beschuss geschützt wurden.

Abb. 23: Der Gigantenkönig Ravana. (Bildquelle: google.de)

Ravanas Palast mit seinen tausend glitzernden Türmen war vielleicht eine Militäreinrichtung mit Wachtürmen und Suchscheinwerfern.

Der Gigantenkönig Ravana mit seinen 10 Köpfen war vielleicht einfach ein Mensch im technisch anmutenden Pilotenanzug, der Affengeneral Hanuman ein Mischwesen aus Affe und Mensch.

Der magische Himmelswagen Pushpak war ein Fluggerät, längst vom Rost zerfressen, dessen Landebahnen und Tankeinrichtungen noch aufzufinden sein könnten.

Hätte es einstmals dort vor 10.000 Jahren tatsächlich technologische Einrichtungen gegeben, Startrampen, Tankanlagen und Gebäude, so wären die metallenen Bestandteile längst vom Rost zerfressen und verschwunden. Das Einzige, was übrig bliebe, wären die steinernen Fundamente, als stumme Zeugen der Vergangenheit, Monumente ihrer einstigen rätselhaften Pracht.

Sind die wundersamen Schilderungen des „Ramayana“ eine Landkarte des Geheimnisvollen, ein Atlas der Götterburgen, ein Katalog der Wolken?

Die Felsenfestung Sigiriya beispielsweise könnte also einstmals der Palast von Ravana gewesen sein.

Die Beschreibung von Ravanas Palast im „Ramayana“ auf Lanka lässt an technische Apparaturen denken:

„Sie sahen, wie sich eine hohe Mauer um die Stadt schlang, welche aus Blöcken von Gold erbaut war. Sie sahen die morgendlichen Strahlen auf Kuppeln und Tempel innerhalb der Mauern fallen, so strahlend wie der Glanz, den die Häuser haben, in denen Vishnu in seiner Herrlichkeit lebt. So weiß erglänzend wie der Herr des Schnees erhob sich Ravanas Palast vor ihnen. Er war auf tausenden Säulen errichtet und blitzte vor Gold und kostbaren Steinen.“

Ist dies eine Beschreibung der Felsenfestung Sigirya auf Sri Lanka und sind die „tausend Säulen“ eine bildhafte Umschreibung der steilen Felsenwände?

War Ravana ein Kriegsherr, „dessen Palast auf dem Bergesrücken sich stolz über den Rest erhob. ... Am Fuße gab es einen lotusbedeckten Graben." Zu Fuße der Felsenfestung Sigiriya gibt es in der Tat Gärten und Gräben, auch andere Details der Schilderung im „Ramayana" stimmen überein.

Der ganze Felsen wäre sowohl von seiner strategischen Position, in der Mitte Sri Lankas gelegen, als auch von seiner natürlichen Beschaffenheit her ideal gewesen als militärischer Stützpunkt. Seine senkrechten, schroffen Felswände bieten einen starken Schutz gegen feindliche Angriffe, die eigentlich nur aus der Luft stattfinden können.

Ravana selbst wird derart fremdartig geschildert, mit 10 Köpfen und 20 Händen, dass dies das Echo des Anblicks einer technischen Apparatur oder eines fremdartigen Wesens in einem monströsen Schutzanzug sein könnte.

Andere, tiefer gelegene Anlagen auf Sri Lanka könnten heute auf dem Grund des Meeres liegen.

FILMLINK Expedition Sri Lanka

Hier können Sie einen kleinen Film über unsere geplante Expedition auf Sri Lanka sehen.

https://youtu.be/3VNMG-jqdzM

Kann dies sein?

Verbergen sich hinter den Sagen und Mythen in Wahrheit die Beschreibungen von missverstandener Technologie, sind die vermeintlichen Götter nichts Anderes als brutale Kriegsherren, deren gottgleiche Macht die Sterblichen einst auf ihre Knie zwang?

Kann man wahrlich solch ein falsches Bild der Vergangenheit haben, können die vergangenen Jahrtausende tatsächlich so verloschen, ausradiert sein aus dem Wissen der Menschheit?

Schauen wir uns dieses einmal genauer an.

Die Baustelle der Pyramiden

SOUNDTRACK: *„Shadow Magnet" von Lisa Gerrard.*

Wir schreiben das Jahr 10.000 vor Christus.

Ich blicke auf die gewaltige Baustelle der Pyramiden von Gizeh. Die Sonne versinkt hinter der Anlage und beleuchtet mit ihren ersterbenden Strahlen eine gespenstische Szenerie.

Mit fliegenden Wagen, auf welchen das Symbol der Sonnenscheibe Res glänzt, werden die riesigen Steinblöcke in die Höhe gewuchtet.

Menschliche Hilfsarbeiter verrichten einfache Arbeiten, von fremdartig gekleideten Gestalten angeleitet: Wesen mit riesigen Atemmasken vor dem Gesicht, welche sie aus der Ferne wie Menschen mit Ibis- oder Falkenköpfen aussehen lassen.

Eine Kryokammer wird mit einem der Fluggleiter in die Höhe gehoben, um sie in der Mitte der Pyramide zu platzieren. Diese Vorrichtung, um Lebewesen in einen jahrhundertelangen Kälteschlaf zu versetzen, ähnelt ein wenig den riesenhaften Sarkophagen, welche die Menschen später nach diesem Vorbild formten, um ihre Toten darin auf die Reise in die Ewigkeit zu schicken.

Hydraulische Maschinen mit 6 Beinen, welche an den Körperbau eines Skarabäus denken lassen, verlegen Kabelstränge in die Gänge der Pyramide, die man Jahrtausende später als Fluchtschächte bezeichnen sollte. Überall ist das Brummen von unbekannten elektrischen Geraten zu hören. Hochspannungsisolatoren, welche in ihrem Aussehen an die Djed-Pfeiler denken lassen, die man überall auf den Hieroglyphenwänden finden konnte, dienen zur Isolation. Priester tragen große elektrische Glühlampen in das Innere des Riesenbaus, um dort die Arbeiten zu beleuchten.

In der untersten Kammer der Pyramide, der Felsenkammer, wird ein Generator installiert, welcher die gesamte Anlage mit Strom versorgt. Um die von diesem Gerät ausgehende Strahlung zu isolieren, wurde hierfür eine Kammer tief unter die Pyramide in den Fels geschlagen.

Vermittels Levitationstechnik schweben die tonnenschweren Steinblöcke von der Verladestation heran. Auf in den Wüstensand verlegten Doppelgleisen gleiten diese wie schwerelos dahin. Sie haben die Spurbreite von circa 1,40 Meter, genau wie die „Cart Ruts" auf Malta.

Keine Sorge, ich habe nicht völlig den Verstand verloren, das alles ist reine Phantasterei.

Doch wenn man staunend vor den Monumenten unserer unergründlichen Vergangenheit steht, den Pyramiden von Gizeh, den riesenhaften Monolith-Bauten in Malta, den Ruinen in Mittelamerika, geht es mir, wie wohl manchem, der sich mit den Rätseln der vergangenen Jahrtausende beschäftigt: Man wünscht sich, man könnte auf den Schwingen der Zeit zurückreisen in die Vergangenheit, um mit eigenen Augen die damaligen Wunder zu erblicken.

Würde man vor den Pyramiden vor Jahrtausenden stehen, was sähe man?

Wirklich eine Unzahl von nackten, schwitzenden Leibern, welche die Millionen von Steinen in unglaublicher Mühsal auf Karren und Rampen in die Höhe wuchten? Eine Riesenbaustelle mit logistischen Anforderungen, die kaum zu bewältigen gewesen wären?

Oder sähe man vielleicht etwas völlig anderes?

Erblickte man Maschinen gänzlich unbekannter Natur, welche die Steine wie von Zauberhand bewegten?

Sähe man Res Sonnenbarke vielleicht wirklich durch die Lüfte fliegen?

Würden die „Götter" selbst in fremdartig wirkenden Schutzanzügen und Atemmasken die menschlichen Arbeiter beaufsichtigen und befehligen?

Ich halte es für denkbar, dass die berühmten Pyramiden von Gizeh komplett missverstanden werden und einstmals einem völlig anderen Zweck dienten.

Waren die Pyramiden ein riesiges Kraftwerk, welches mit heute völlig vergessener Technologie Energie für Maschinen unbekannter Bauart erzeugte? Gab es im Innern des Baus eine extrem geschützte Tiefkühlkammer, in welcher mit der Technik der Kryonik, des Tiefkühlschlafes, die "Götter" die Ewigkeit durchdämmerten?

Ist dies auch die Erklärung für die völlig unerklärliche Felsenkammer, die tief unter der Pyramide in den Fels geschlagen wurde? War hier ein Generator installiert, welcher seiner gefährlichen Strahlung wegen so weit entfernt wie möglich von den anderen Gerätschaften betrieben werden musste?

Mit Kryotechnik wurden vielleicht tödlich erkrankte Kommandanten der damaligen Zeit in einen künstlichen Kälteschlaf versetzt, um sie in späteren Jahrhunderten wiederzubeleben und zu heilen.

Die Hilfsarbeiter bekamen natürlich einen kleinen Einblick in die Vorgänge, ohne sie auch nur im Geringsten zu verstehen. Sie sahen, wie die fremden Wesen, von Medizinern und Technikern umgeben, in die Kältekammer gelegt wurden, wie ihre Körper vorher behandelt und präpariert wurden und hörten die Erzählungen, dass sie einst in Hunderten von Jahren wiederauferstehen sollten.

Der Ritus der Mumifizierung in späteren Jahrhunderten spiegelt perfekt diesen Ablauf wieder, man ahmte in komplizierten Ritualen die unverstandenen Abläufe nach.

Auch die ansonsten völlig unverständlichen Pyramidentexte erhalten einen Sinn, wenn man sie als fernes Echo einer einstigen „Betriebsanleitung“ zur Handhabung der Kältekammern liest.

Das Ritual der „Mundöffnung“ ahmt vielleicht exakt das Einführen eines Intubationsschlauches nach, und die Ibis- und Schakalköpfe der Götter sind vielleicht ein Echo des merkwürdigen Anblickes von Atemmasken und Schutzhelmen.

Und in der Tat, in den Hieroglyphen findet man zahlreiche Hinweise auf solche vergessene Hochtechnologie: Die Djed-Pfeiler, welche in ihrem Aussehen modernen Hochspannungsisolatoren verblüffend ähneln, und von der traditionellen Wissenschaft als religiöse Symbole erklärt werden.

Die berühmten „Glühbirnen“ von Dendera, bei denen man sich schon etwas Mühe geben muss, diese als „Schlangen“ zu erklären.

Anders als in Malta wären die Doppelgleise der Levitationstechnik ohne jede Spur verschwunden, im Wüstensand hätten sie nicht die charakteristische Doppelspur der "Cart Ruts" hinterlassen.

Die Kryokammern, in welchen die nötige Kälte zur Konservierung des Körpers erzeugt wurde, ahmte man später mit den klobigen Riesensarkophagen der Pharaonen nach.

Jahrtausende später wurden die Pyramiden dann vielleicht wirklich als Begräbnisstätte genutzt, in grotesker Nachahmung der damaligen Vorgänge.

Ägyptologen werden einen Herzanfall bekommen bei solchen Spekulationen, aber auf der ganzen Welt gibt es Funde, welche nicht in das Bild der etablierten Wissenschaft passen wollen.

Abb. 24: Die Djed Pfeiler – Religiöse Symbole oder Hochspannungsisolatoren? (Bildquelle: Wikimedia/Olaf Tausch)

Abb. 25: Die rätselhaften Hieroglyphen von Dendera: Glühbirnen oder Feuerschlangen? (Bildquelle: Wikimedia/Olaf Tausch)

Überall kann man beispielsweise seltsamerweise Spuren von Hirnoperationen in grauer Vorzeit finden.

Es gibt hunderte von Schädelfunden, welche seltsame kreisrunde Löcher aufweisen, als hätte man vermittels eines modernen Bohrwerkzeugs ein Loch in die Schädeldecke gebohrt.

Das Seltsame ist, dass man an der Verknöcherung der Löcher feststellen kann, dass die Menschen oft nach ihrer „Operation" noch jahrelang gelebt haben. Und es scheint beinahe, als wären diese Schädelpenetrationen je perfekter durchgeführt worden, je älter die Funde sind. Wie kann dies sein? Moderne Chirurgie in der Steinzeit?

Sind die Götter nichts als längst vergessene Tyrannen, ist unser Bild der Vergangenheit eine irrsinnige Mixtur aus Tatsachen, Legenden und missverstandenen Überlieferungen?

Waren auch die Monolithen der „Tempel“ auf Malta nur die Fundamente von Bauwerken technologischer Natur, waren sie von Metall ummantelt, schlossen sich zischend metallene Schutztüren, von welchen heute nur noch die Bohrlöcher der Türzapfen zu sehen sind, arbeiteten im Innern der Anlagen riesige Maschinen, welche mit Chemikalien aus den Misqa-Tanks betrieben wurden?

Schwebten Lasten auf einem uns heute völlig unbekannten Transportsystem über die Insel, waren die Rillen der „Cart Ruts“, welche man noch heute finden kann, nur die Relikte eines Schienensystems, auf welchem mit fremdartiger Technik Güter bewegt wurden?

Vibrierte die Luft von dem tausendstimmigen Sirren und Zischen technologischer Systeme, wurde der Himmel durchzogen von seltsamen Fluggeräten, waren die „Tempel“ vom Dampf arbeitender Maschinen erfüllt? Eilten nicht Priester, sondern Techniker durch die Mauern, bedienten Instrumententafeln, betätigten riesige Maschinen und verrichteten Tätigkeiten unbekannter Natur?

Und lebte neben diesen Zentren der Hochkultur die breite Masse der Menschen in ihrer Steinzeit-Welt, blickten sie voller Angst und Ehrfurcht auf die zyklopischen Mauern, hinter denen Geister und Dämonen ihr Unwesen trieben? Vielleicht wurden sie für einfache Tätigkeiten als Arbeiter verwendet, durften manchmal staunend das Innere der „Heiligtümer“ betreten, sahen die Maschinen arbeiten, knieten vor ihren Herrschern, die in Schutzanzügen, hinter Glaswänden und inmitten blinkender Armaturen vor ihnen standen.

So entstand damals bereits die Grundlage für den Götterglauben, welcher später alles überlagern sollte. Jahrhundertelang gab es vielleicht zwei verschiedene Kulturen auf Erden, ein Reich der „Allmächtigen“ und ein Land der Sterblichen.

Wer aber waren diese Lehrmeister der Vorzeit, die Erschaffer dieser vorsintflutlichen Zivilisation?

Könnte man den Tempelbauern, den Urvätern der Menschheit in das Gesicht blicken, was sähe man? Die Augen von Menschen wie uns? Oder etwas viel Fremderes und Rätselhafteres?

Waren es vielleicht außerirdische Fremde, Götter von den Sternen? Wesen, die über tausende von Lichtjahre hinweg, über unendliche Distanzen die Erde besuchten?

Waren sie die urzeitlichen Kulturbringer der Menschheit?

Doch wieso scheinen die Besucher aus fremden Sternensystemen dann den Menschen so seltsam ähnlich gewesen zu sein? Die Abbildungen, Mythen und Überlieferungen überall auf der Welt lassen ja darauf schließen, dass sie den Menschen sehr verwandt waren, sich sogar mit ihnen paarten.

Würden nicht Wesen aus fremden Welten wahrscheinlich von einer solchen extremen Andersartigkeit sein, dass eine Verständigung mit ihnen kaum möglich wäre, so fremd, dass wir sie möglicherweise schwer überhaupt als Lebewesen erkennen könnten?

Würde sich das Leben auf fernen Planeten nicht völlig anders entwickelt haben? Vielleicht wären es Wesen aus kristallinen Strukturen? Oder gasförmige Organismen, welche in den gewaltigen Gasriesen-Planeten entstanden sein könnten.

Oder es wären Wesen, deren Zeitempfinden völlig anders wäre. Beim Menschen liegt die zeitliche Wahrnehmungsschwelle bei einigen Millisekunden. Es wären aber auch Organismen denkbar, welche von ihrem Stoffwechsel und kognitiven Prozessen viel langsamer funktionieren würden, deren Wahrnehmungshorizont in Stunden oder sogar Jahren funktionieren würde und mit denen eine Verständigung darum kaum möglich wäre.

Allerdings: Wissenschaftler vermuten, dass Leben immer aus ähnlichen Voraussetzungen entsteht: Wasser, Kohlenstoff, Stickstoff, Sauerstoff, Schwefel, Phosphate und Spurenelemente.

Damit würden alle Lebensformen im Universum sich ganz ähnlich entwickeln.

Oder die Pamspermien-Theorie, die, ihrem etwas seltsam klingenden Namen zum Trotz, eine interessante mögliche Erklärung für die Verbreitung des Lebens im Universum anbietet. Hätte sich das Leben nur auf einem einzigen Planeten im All entwickelt, so könnte es sich von dort aus über das ganze Weltall verteilen.

Durch Einschläge von Meteoriten würden beispielsweise Gesteinsbrocken mit darin eingebetteten Lebensformen ins All geschleudert und über Jahrmillionen würden sie so andere Planeten erreichen. Hier entwickelt sich dann, bei günstigen Voraussetzungen, aus dieser „Saat“ erneutes Leben.

So wären also die verschiedenen Zivilisationen in der Galaxie in Wahrheit miteinander verwandt und damit einander sehr ähnlich.

Eine andere Möglichkeit wäre, dass es sich bei den „Göttern“ einfach um eine höher entwickelte Menschen-Ethnie handelte, welche sich kulturell (und vielleicht auch genetisch) von den anderen Völkern getrennt entwickelte.

Vielleicht sind die überall auf der Erde vorzufindenden „Langschädel“ ein Hinweis auf diese „Parallel-Menschheit“. Mindestens zum Teil sind diese durch Bandagieren der kindlichen Schädel selbst hervorgerufen worden, doch überall auf der Erde scheint dieses Merkmal der nach hinten langgezogenen Schädel als Anzeichen von Macht und Herrscherwürde verstanden worden zu sein.

Warum? Gab es vielleicht hierfür ein wirkliches Vorbild? Gab es vor Jahrtausenden eine Menschen-Spezies, dem Homo Sapiens sehr ähnlich, aber technisch weit überlegen, welche über die urzeitliche Bevölkerung herrschte? Auch auf Malta, im Hypogäum, fand man solche „Langschädel“. Sind vielleicht nicht alle dieser Schädel durch das Bandagieren hervorgerufen worden, sondern existierte einst eine Menschenart mit dieser Kopfform? Die Darstellung der Pharaonen mit ihren langgezogenen Kopfbedeckungen lässt noch heute solche Wesen erahnen.

Die Entwicklung der Menschheit scheint eindeutig geklärt, so wirkt es zumindest auf den ersten Blick. Doch wenn man einmal genauer hinschaut, erscheinen hier plötzlich viele Rätsel.

Es gibt immer wieder, nicht nur beim Menschen, völlig unerklärliche Entwicklungssprünge, übrigens ebenso wie in der Kulturgeschichte. Quasi plötzlich, über Nacht, scheint sich oft ohne Zwischenstadien eine neue Art entwickelt zu haben. Der moderne Mensch beispielsweise betritt die Bühne völlig unerklärlich, plötzlich taucht er auf, voll entwickelt, doch die notwendigen Zwischenstufen hat man nie finden können. Es klafft eine riesige „Entwicklungslücke" zwischen den Urmenschen und dem homo sapiens.

Wieso hat man diesen „Missing Link" bis heute nicht gefunden? – Weil es ihn nicht gibt?

Vielleicht fanden hier Eingriffe in das Erbgut statt, vielleicht wurde die menschliche Entwicklung bewusst vorangetrieben, vielleicht entstand der Homo sapiens, wie wir ihn heute kennen, aus einer Vermischung der „Urmenschen"-DNA und "göttlicher" DNA.

Die Menschheit hat selbst das winzigste Eiland im Laufe der Jahrtausende besiedelt. Angeblich setzten sich immer wieder tollkühne Eroberer in primitive Einbäume und stachen in See, ohne jede Ahnung von dem fernen Ziel zu haben, an welchem sie einst landen sollten. Sie führten angeblich genug Vorräte mit sich, um die wochenlange Reise zu überstehen

Die Menschen sollten in Einbäumen oder primitiven Flößen hunderte Kilometer Seeweg überbrückt haben? Und es kamen auch genug Menschen dort an, um sich dort weiter fortzupflanzen? Also handelte es sich nicht nur um ein einzelnes Gefährt, sondern um eine ganze Flotte?

Dennoch, irgendwie müssen die Menschen ja hierhergekommen sein, bis auf die entlegensten Inseln und fernsten Kontinente. Vielleicht waren hier höher entwickelte Transportsysteme im Einsatz, und die Menschen wurden als Arbeitskräfte von den Herrschenden auf die abgelegenen Eilande verbracht, vielleicht gab es quasi ein spezielles Besiedelungsprogramm der Menschheit.

Die einstige Ethnie der Götter war dem heutigen Menschen wohl sehr ähnlich, einzig der Langschädel hat sie im Äußeren unterschieden. Doch warum hat man dann keine Skelette dieser Menschenart entdeckt? Nun, vielleicht hat man, und missinterpretiert diese Funde. Überall in der Welt wurden die Skelette solcher Langschädel entdeckt.

Mindestens zum Teil sind diese in der Tat durch Bandagieren der kindlichen Köpfe entstanden, doch vielleicht sind ein großer Teil dieser Funde in Wahrheit tatsächlich natürlich gewachsene Langschädel, Vertreter der untergegangenen Götterrasse.

Vielleicht betrachten wir in den Museen dieser Welt die Skelette unserer einstigen Götter und wissen nichts davon. Vielleicht stehen wir vor den Urvätern des Menschengeschlechtes und erkennen sie nicht.

Wer immer diese Wesen waren, die Legenden und Mythen der Menschheit zeichnen uns ein deutliches (und nicht immer freundliches) Bild ihres Wesens. Einerseits waren sie Förderer und Lehrmeister der Menschheit, andererseits jedoch auch grausame Zerstörer und Bestrafer.

Zu welchen Göttern beteten sie? Welche Träume träumten sie? Worauf hofften sie? Was fürchteten sie? – Waren Sie Freunde der Menschheit oder grausame Herrscher, gnadenlose Tyrannen?

Kann man aus den Mythen und Legenden der Menschheit heraus das Wesen dieser „Götter“ rekonstruieren, einen Blick hinter den Schleier dieses Geheimnisses werfen? Kann man aus den Trümmern der zerschmetterten Götzenbildnisse sich das Antlitz der vergessenen Vorväter erneut zusammensetzen?

Machen wir uns auf eine Reise durch die jahrtausendealten Überlieferungen der Menschheit, um dieses äonenalte Rätsel vielleicht zu lösen.

Der Affenkönig Sun Wukong und Prometheus – Rebellen gegen die Götter

SOUNDTRACK: *„Beating the Emperors Robe", Peking Opera*

Ich werde in ein riesiges Krankenhauszimmer in Hongkong geschoben, es sind unerträgliche schwül-heiße 30 Grad. Alle Betten sind besetzt, die Gespräche verstummen, und unzählige chinesische Gesichter blicken mir ausdruckslos entgegen. Oben in der Ecke flimmert laut quäkend ein Fernseher, es riecht nach Urin und Desinfektionsmittel.

Mitten auf einer Reise bekomme ich eine unbekannte Infektion, 39 Grad Fieber, und hier also, so bin ich überzeugt, werde ich sterben.

Während ich in das Bett gehoben werde, fällt mein Blick auf den Fernseher.

Ein Mischwesen aus Schwein und Mensch in einer raumanzugähnlichen Rüstung kämpft mit einem Dämon, welcher in einem Wagen mit Feuerstrahlen über den Himmel fliegt. Ein anderes Wesen, eine Kreuzung aus Affe und Mensch, eilt ihm zur Hilfe. Die beiden unterhalten sich, eine Mischung aus Schweinegrunzen, Affenquieken und Kantonesisch, dann eilen sie in einem fliegenden Wolkenwagen davon.

Ich verstehe zwar kein Wort, bin aber fasziniert von der bizarren Fremdartigkeit. Raumschiffähnliche Gebilde, halbmenschliche Wesen, die gegen Dämonen kämpfen, Giganten, die auf Wolken und Lichtstrahlen fliegen.

Am nächsten Morgen ist das Fieber, zu meiner leisen Enttäuschung, fast verschwunden, ich bin aber dennoch immer noch fest entschlossen, zu sterben. Der Englisch sprechende Arzt, der meine unheilbar schwere Krankheit nicht recht ernst zu nehmen scheint, antwortet auf meine Frage, was ich da wohl im Fernsehen gesehen habe mit leicht mitleidigem Lächeln, ob der Unkultiviertheit der

„Langnasen“: „Das ist „Die Reise in den Westen“, die Verfilmung einer der vier klassischen chinesischen Romane. Ein Buch, das wahrscheinlich mehr Menschen gelesen haben, als eure Bibel und Shakespeares Dramen zusammen.“

Abb. 26: Der Affenkönig Sun Wukong als Held einer Peking-Oper. (Bildquelle: Hung Chung Chih/shutterstock.com)

Ich fühle mich ein wenig zurechtgewiesen und zu meiner grimmigen Befriedigung nach dieser Ermahnung auch wieder deutlich kränker. Dennoch werde ich, ungeachtet meiner Proteste, bereits am nächsten Tag als geheilt entlassen. Wieder zuhause besorge ich mir den Roman.

Und es öffnet sich eine ferne, wunderbare Welt.

Auf uralten Überlieferungen und Mythen fußend wird von einem Autor des 15. Jahrhunderts die Geschichte des Affenkönigs Sun Wukong erzählt und seiner Rebellion gegen die Götter.

In China ist dieser Roman ungemein populär, es gibt Fernsehserien, Zeichentrickfilme, sogar hierauf fußende Managementcoachings, Leitfäden zur Kindererziehung und Sex-Ratgeber. Auch diente es als Vorlage für das monströseste aller Theaterstücke: Der von der Kunst besessene chinesische Kaiser Qianlong gab eine Pekingoper in Auftrag, „Das kostbare Floß des erhabenen Friedens", bei welcher eine komplette Aufführung bei einer Länge von 240 (!) Akten mehrere Monate in Anspruch nimmt.

Erzählt wird die Geschichte von 4 Pilgern, die gen Westen ziehen, um aus Indien die Schriften Buddhas in das Reich der Mitte zu bringen, darunter das gefräßige Mischwesen Zhu Bajie, halb Mensch, halb Schwein. Hierbei kämpfen sie gegen kannibalische Dämonen und fliegende Himmelsdämonen. In diesem wundersamen Werk wimmelt es von Merkwürdigkeiten, welche an Andeutungen fremder Technologien denken lassen.

Einer der Pilger beispielsweise, der Affenkönig Sun Wukong, eine Kreuzung aus Mensch und Affe, ist eine herrliche Figur, tolldreist, unverschämt und dabei unendlich weise. Und er hat sehr seltsame Fertigkeiten.

Er „vermag auf einer Wolke schwebend durch die Luft zu gleiten", (7) auf einem Lichtstrahl schießt er in den Neunten Himmel hinauf, mit seinen „Feueraugen" sieht er in einem „Umkreis von tausend Meilen jede Regung". Er erhält „das Göttliche Edelerz zur Erdung der Milchstraße", das in allen Farben leuchtet und eine furchtbare Waffe ist, ein Stab, der seine Größe verändern kann.

Es gibt „Wiederbelebungspillen", welche Tote zu neuem Leben erwecken, Schellen, welche Feuer und Rauch zu speien vermögen, „Unsterblichkeitspillen", es gibt eine „Magie zur Raumverkürzung" und vorzeitliche Narkosemasken, Schlafkäferchen genannt, die „sich sofort auf den Gesichtern der Knaben niederließen. Schon fielen die beiden laut schnarchend in einen tiefen Schlaf, aus dem sie so bald nicht wieder erwachen sollten."

Der Jadekaiser sagt „In unseren himmlischen Gefilden gibt es immense paradiesische Welten", eine Jadejungfer aus den himmlischen Gefilden kam auf Erden, weil es sie nach dem irdischen Leben sehnte und immer so weiter.

Sind das alles ferne Erinnerungen an Besuche fremder Wesen und an übermenschliche Technik?

Der Affenkönig Sun Wukong, „ein von Himmel und Erde Erzeugter", bekommt dann die Aufsicht über den Pfirsichgarten der Unsterblichkeit, rebelliert gegen die Götter und wird dafür aus dem Himmel verbannt.

Auch hier gibt es einige Merkwürdigkeiten:

Als Sun Wukong mit seiner Wolke auf dem Blumen Früchte-Berg landet, wird er von seiner Affenhorde freudig empfangen: „Glückwunsch dem Großen König! Mehr als zehn Jahre habt Ihr in den oberen Gefilden verbracht ..."

„Es ist doch nur ein halber Monat verstrichen", wandte Wukong ein, „was sagt ihr da von mehr als zehn Jahren?"

„Majestät, im Himmel merkt Ihr nichts davon. Ein Tag im Himmel entspricht einem Jahr auf Erden."

Eine seltsame Entsprechung zu dem Phänomen der Zeitdilatation: Bei Reisen nahe der Lichtgeschwindigkeit vergeht die Zeit im Vergleich zu den auf der Erde Zurückgebliebenen langsamer. Wäre das Mischwesen Wukong also nicht im Himmelreich, sondern in einem Raumschiff unterwegs gewesen, so würde bei einer Rückkehr auf die Erde dort eine deutlich längere Zeit verstrichen sein.

Ob die einstige Hochkultur wirklich Sternenreisen mit nahezu Lichtgeschwindigkeit unternahm? Vielleicht verfügten sie auch einfach nur (wie wir heute) über einiges an theoretischem Wissen darüber, ohne selbst solche Reisen unternehmen zu können.

Ist diese ganze Geschichte das ferne Echo von Geschehnissen, die sich vor Urzeiten einst zugetragen haben? Ist der Affenkönig ein

Mischwesen aus Affe und Mensch, oder aus Mensch und fremder DNA, von den Göttern erzeugt?

Die Mythen und Legenden der Menschheit haben zwei Quellen: Einerseits das Unterbewusstsein, welches die tiefliegenden Mechanismen der Seele in symbolhafte Bilder kleidet.

Und andererseits die Erinnerungen an tatsächliche Geschehnisse, welche durch immer wiederholtes mündliches Weitergeben sich immer mehr von der Wirklichkeit entfernen, aufschwellen und ins Symbolhafte überhöht werden.

Am stärksten werden Mythen und Legenden in ihrer Wirkungskraft, wenn sich diese beiden Elemente vermischen. Es wird beispielsweise sicherlich ein historisches Vorbild für den biblischen Jesus Christus gegeben haben.

Dieser Mensch erhielt dann durch seinen grausamen Opfertod eine gewaltige Wirkungskraft und bildete dadurch quasi ein Kraftzentrum, das andere Legenden, Sinnsprüche und Anekdote anzog und sich einverleibte. Nicht alle der Episoden und Begebenheiten des neuen Testaments werden sich tatsächlich so zugetragen haben, es wurden sicher andere Anekdoten dann im Laufe der Zeit der Person Jesus Christus zugeschrieben, und man hat dann die Geschichten von Jahrhundert zu Jahrhundert immer weiter ausgeschmückt.

Man kann vielleicht mit ein wenig Sorgfalt die tatsächliche Persönlichkeit Jesus Christus quasi herausdestillieren: Ein sanftmütiger Pazifist, der die Gleichheit aller Menschen predigte, dem alles Metaphysische eher fremd war und der mit den Vorstellungen eines Jenseits, eines strafenden Weltgerichtes, mit Engeln und dergleichen wahrscheinlich nichts anfangen konnte. Möglicherweise war er sogar ein Analphabet, denn es findet sich kein Hinweis, dass er die Schriften der Tora sonderlich zu kennen scheint.

Ähnlich verhielt es sich vielleicht mit dem Glauben in aller Welt. Tatsächliche Geschehnisse verbanden sich im Lauf der Jahrhunderte mit Kräften und Trieben der menschlichen Psyche.

Sind unsere Götter in Wahrheit aus Überresten von verschütteten Erinnerungen an jahrtausendealte mächtige und grausame Herrscher zusammengesetzt, die uns Sterbliche mit ihrer überlegenen Technik beherrschten?

Ist der Donnergott Thor, welcher mit Grollen durch den Himmel fährt, die verschüttete Erinnerung an ein prähistorisches Fluggerät? Ist der Götterolymp mit seinen fliegenden Titanen, feuerspeienden Drachen und Blitze schleudernden Wunderwaffen das Echo von technologisch überlegenen Herrscherwesen?

Der Mythos von einem Aufstand gegen die Götter findet sich seltsamerweise in vielen Kulturen, beispielsweise in der griechischen Prometheus-Sage.

Auch dieser rebelliert gegen die überirdischen Wesen, stiehlt ihnen das Feuer als Symbol für die übermenschliche Technik und wird zur Strafe an einen Berg gekettet.

Insgesamt wimmelt es in den Mythen der Menschheit nur so von Aufständen der Menschen gegen die Götter. In der sogenannten „Gigantenschlacht“ der griechischen Mythologie beispielsweise kämpfen die Riesen gegen die Götter, wobei sie Felsbrocken und brennende Bäume gegen den Himmel schleudern.

Wie kommt diese merkwürdige Parallelität der Mythen zustande, von Zivilisationen, die Tausende von Kilometern auseinander lagen? Ist dies eine Erinnerung daran, dass die Menschen einst von Wesen von den Sternen unterjocht wurden, wobei einige Auserwählte mit den Fremden kollaborierten und dafür mit Privilegien belohnt wurden? Gab es eine Hybrid-Rasse aus Göttern und Menschen, die dann gegen ihre Herren rebellierten, den Fremden ihre Technik stahlen und dafür grausam bestraft wurden? Und lebt die Erinnerung daran immer noch halb verschüttet als fernes Echo und unendlich ferner Widerklang in unseren Mythen und unserem Unterbewusstem?

Sigmund Freud, der Vater der Psychoanalyse, erklärt sogar den Ursprung der menschlichen Kultur insgesamt als einen Aufstand gegen den allmächtigen Vater:

„Ein gewalttätiger, eifersüchtiger Vater" herrschte in Vorzeiten grausam über die Menschensöhne und „eines Tages taten sich die ausgetriebenen Brüder zusammen, erschlugen und verzehrten den Vater". (4) Und so machten die Menschen sich aus der Vorstellung des allmächtigen Vaters den wundertätigen, in den Himmeln lebenden Gott.

Irrt er hier und war dieses vielleicht gerade andersherum? Wurde aus der Rebellion gegen die Götter in der Vorstellung der Menschen der Aufstand gegen die Väter? Lebt tief verschüttet in unserem Unterbewussten noch eine ferne Erinnerung an diesen Aufstand, und prägt diese Vorstellung unser Selbstverständnis bis heute?

Stand am Anfang der Menschheitsgeschichte eine gigantische Rebellion, deren Echo als ferne Erinnerung noch bis heute in unseren Mythen und unserem Unbewussten nachhallt? Und fußt vielleicht unsere gesamte Kultur auf einem uralten, halb vergessenen Kampf zwischen den Menschen und den Göttern? Und verbergen sich in den geheimnisvollen Mythen der Menschheit noch immer Spuren dieses uralten Aufstandes, der einst am Anfang der Geschichte stand?

Zwischenspiel

Die Jagd des Mekele

Mekele hatte Angst. Er sah vor sich das Licht des Himmels. Er sah die Götter, die herniedergestiegen waren aus den Wolken.

Er war spät nachts noch auf die Jagd gegangen. Er hatte seinen Speer gepackt, seine Felle um die Füße geschlungen und sich aufgemacht in die Nacht. Er hatte sich die Asche-Male ins Gesicht gezeichnet, um die Geister gnädig zu stimmen. Seine Kinder waren krank vor Hunger, er musste etwas erlegen, er musste.

Doch er hatte kein Jagdvieh finden können, was er auch suchte. Er war weit bis in die Mond-Berge gegangen in seiner Verzweiflung, so tief war er noch nie in den Wäldern gewesen bis heute. Wenn er keine Beute finden konnte, würde er nicht mehr zurückkehren. Er konnte den Anblick seiner hungernden Kinder nicht ertragen. Dann würde er sterben hier draußen.

Dann plötzlich, als er beinahe schon aufgeben wollte, sah er Lichter in der Ferne, ein Strahlen mit der Glorie der Götter, wie er es nie zuvor gesehen. Er hörte die Geräusche des Sturmes, obschon die Winde schwiegen, die Stimme des Donners, die Sonne war aufgegangen mitten in der Nacht.

Mekele schlich sich näher heran. Er glaubte nicht, was er sah!

Der Himmel hatte sich aufgetan, und die Herren des Himmels waren herniedergestiegen. Auf einem stählernen Drachen waren sie geritten, sie kamen dahergeflogen auf dem Sturmwind.

Sie erstrahlten im Licht von tausend Sonnen, wie sie dem stählernen Maule des Ungetüms entstiegen. Der Drache stand zischend und dampfend auf der Lichtung mitten im Dschungel, seine feurigen Augen glühten in der Dunkelheit.

Er hörte sie sprechen in fremden Zungen. Ihr Haupt war umgeben vom Glanze des Himmlischen, sie waren gewandet in Kleider aus Licht.

Dann erwachte das Ungetüm mit Donnergrollen zum Leben, er verschlang die beiden himmlischen Gestalten.

Plötzlich sprühte er Feuer, flammende Blüten brachen hervor, und der Drache erhob sich in die Lüfte, er tanzte auf dem Sturmwind, er kletterte die Leiter des Himmels empor.

Mekele zitterte vor Angst, doch er war wie im Rausch. Er musste den Gestalten des Himmels folgen! Wohin würden sie entschwinden?

Mit Donner und Rauch flog der Drache über den Dschungel. Mekele rannte ihm hinterher, seinen Speer in der Linken, so schnell er nur konnte.

Der Drache flog dahin mit der Kraft von tausend Männern, Mekele kam kaum hinterher, seine Brust und seine Beine schmerzten. Die Zweige schlugen ihm ins Gesicht, er verlor den Drachen beinahe aus dem Blick.

Die Stimme des Donners wurde immer leiser, das Feuer des Himmels verschwand hinter dem Horizont.

Als er schon beinahe aufgeben wollte, sah er es. Mekele fiel auf die Knie vor Ehrfurcht.

Die goldene Burg der Götter erstrahlte vor ihm. Mauern aus Licht erhoben sich bis an das Sternenzelt, Zungen aus Feuer brachen hervor. Auf den Zinnen der der Himmelsburg standen Dämonen und hielten Wacht.

Plötzlich erstrahlte ein helles Licht, und der Himmel tat sich auf. Die zwei Engel erschienen vor ihm. Sie sprachen, doch sie sprachen nicht nach der Art eines Menschen.

Mekele warf sich auf den Boden, doch die beiden Himmlischen geleiteten ihn in das Land hinter dem Südwind. Ein Reich des Wunders lag vor ihm, als sich die Pforten des Paradieses öffneten.

Er sah Wände aus fließendem Wasser, durch welche man in fremde Welten blicken konnte. Er sah Räume mit Dächern aus kaltem Feuer. Er sah Hallen mit Böden, glatt wie die Flüsse am Morgen.

Dann tat sich eine Tür auf, und Mekele trat ein ins Reich des Jenseits.

*

M-Kal führte den Nbeki ins Innere. Es ekelte ihn immer etwas, sie zu berühren, sie stanken nach Kot, Schweiß und nach Urin.

Nbekis waren schmutzig und primitiv, meistens sah er sie nur aus der Ferne, wenn sie ihre Exkursionen ins Andersland unternahmen.

Eigentlich waren keine Nbekis so nahe an der Anlage, sie töteten immer wieder einige von ihnen, um die anderen abzuhalten, doch manche begriffen es einfach nicht. Sie waren störrisch und unbelehrbar. M-Kal verabscheute die Nbekis.

Sie hatten ihn vor der Anlage erwischt. Er war anscheinend ihrem Fluggleiter gefolgt, als sie draußen Proben nahmen. Dieser Nbeki war jedoch nicht so aggressiv wie das Exemplar letzte Woche, das sie hatten eliminieren müssen, als er sie mit seinem Steinspeer angegriffen hatte. Dieser fiel gleich auf den Boden und faselte in seiner wirren Sprache, sobald er sie erblickte.

Die Nbekis wurden immer frecher, immer öfter fand man sie vor den Zäunen der Anlage, sie streunten dort überall herum. Sie hatten ihn gewaschen und desinfiziert, er trug ein frisches Operationsleibchen, aber trotzdem stank er noch.

Als man ihn in die Krankenstation führte, starrte er wie gebannt auf die Computerbildschirme und auf das Glasdach der Anlage. Er warf sich immer wieder auf die Knie und betrachtete sein Spiegelbild im glänzenden Fußboden.

Sie nahmen ihm Blut ab und untersuchten ihn, doch er war zu krank und schwach für ihr Aufzuchtprogramm.

M-Kal wollte ihn einschläfern und verwerten, sie brauchten mehr Daten für ihre Genversuche. Doch der Kommandant M-Lek hatte eine Vorliebe für die Nbekis, er befahl ihnen, ihn wieder zurück vor die Tore zu bringen.

Manchmal, wenn sie ihre Jagden durchführten, sprach der Kommandant mit ihnen, behandelte ihre Wunden mit Heilungsspray, manchmal schenkte er einem Exemplar sogar einen Nahrungsriegel, obwohl dies verboten war.

Aber er war der Kommandant. Noch!

Also brachten sie ihn vor die Anlage und ließen ihn laufen. Doch der verrückte Kerl wollte nicht mehr weg, er fiel immer wieder auf die Knie vor ihnen und bettelte in seiner unverständlichen Sprache.

Irgendwann hatte M-Kal genug und verjagte ihn mit einigen Warnschüssen. Vielleicht würde man bald wieder einen Angriff auf ihre Dörfer befehlen, um sie etwas im Zaum zu halten. Wenn sie sich wieder nahen würden, so müsste man ein paar von ihnen erschießen.

Irgendwann, eines Tages würden die Eingeborenen noch gefährlich werden.

*

Als Mekele in sein Dort zurückkehrte, war er wie verwandelt. Er hatte das Reich des goldenen Lichtes betreten, er hatte das Land hinter den Wolken gesehen.

Wer einmal seinen Fuß ins Land hinter der Wirklichkeit gesetzt hatte, war nie wieder der Gleiche. Er war dort gewesen, im Reich hinter den Himmeln, im Königreich der Unsterblichen.

Eines seiner Kinder war gestorben vor Hunger, doch Mekele hatte die Botschaft des Himmels erhalten.

Seit diesem Tage erzählte er immer wieder von seiner Begegnung mit den Göttern, er berichtete, was die Herrscher der Himmel ihn gelehrt hatten.

Er wurde ein weiser Mann, alle lauschten des Nachts seinen Geschichten. Er sang seine Lieder von den Himmlischen nachts am Lagerfeuer. Er zeichnete Bilder der Engel aus Asche an die Steine. Er suchte nachts den Sternenhimmel ab nach den Feuerspuren der Himmels-Drachen.

Mekele lag oft wach des Nachts, er sehnte sich danach, wieder durch die Hallen aus Licht zu schreiten, das Antlitz der himmlischen Wesen zu sehen. Er war nicht mehr von dieser Welt.

Einmal, nach Jahren, führte er eine Truppe Krieger zurück zu jenem dunklen Wald des Mondes, in welchem ihm die Gestalten des Jenseits einst erscheinen waren.

Als er die Burg des Lichtes schon in der Ferne leuchten sah, straften die Herrscher des Himmels sie furchtbar. Mit der Kraft des Donners streckten sie seine Gefährten nieder, der Zorn der Allmächtigen entlud sich über sie. Alle starben, ihn allein verschonten sie, sie schlugen ihn mit einem Mal an der Schulter.

Drei Monde lang lag er krank danieder, doch er war gesalbt worden. Aus seiner Schulter holten sie ein Stück des Blitzes, zu Stein geworden, heraus. Alle beteten diese Träne der Engel an, als Geschenk des Paradieses.

Seitdem war der Dschungel des Mondes verboten, keiner durfte seinen Fuß setzen dorthin. Nun verehrten sie ihn noch mehr, er stieg zum Häuptling empor, er war ein Kind des Himmels geworden.

Als er Jahre später auf dem Totenbett lag, von seinen Kindern umgeben, war er sich sicher, nun einzugehen in das Reich des Lichtes. Er hatte das Jenseits gesehen, dorthin wohin sie alle einmal gehen würden, in das Land des Donners, in die goldene Stadt der Herrlichkeit.

Mekele starb glücklich. Er wusste, dass die Engel ihn erwarten würden.

Rückkehr nach Gebel gol-bahar

SOUNDTRACK: *„Wahnfried“ von Klaus Schulze*

Die Sicht unter Wasser ist schlecht. Obwohl er direkt vor mir schwimmt, verschwindet Casey immer wieder im trüben Blau des Meeres. Um ihn nicht aus den Augen zu verlieren, muss ich so dicht bei ihm tauchen, dass seine Flossen mir immer wieder die Tauchmaske vom Gesicht zu schlagen drohen.

Dann tauchen plötzlich die Umrisse von riesigen quaderförmigen Steinblöcken auf. Es fällt mir schwer, die Proportionen abzuschätzen, zu zyklopisch ragen sie aus dem Meeresgrund heraus.

Eine vorsintflutliche Straße der Toten, eine vergessene Allee der Verlorenen, vielleicht seit über 10.000 Jahren von keinem menschlichen Auge mehr zu Gesicht bekommen.

Wir sind auf dem Weg zur „Boulder Creek“, eine Ansammlung von Steingiganten in Belt fil-bahar, welche in einer Tiefe von bis zu 35 Metern liegen.

Ich schwimme atemlos um die steinernen Ungetüme herum. Welchen Zweck könnten diese monströsen Riesensteine einst gehabt haben? Das Fundament einer Landeplattform? Die Mauern eines gewaltigen Bunkers? Allerdings sind sie nicht absolut quaderhaft geformt, manchmal ragen die Ecken weit heraus, doch erscheinen sie mir eindeutig künstlich.

Hier sind keine Geländestrukturen erkennbar, aus denen sie herausgebrochen sein könnten, das Gelände ist zumeist von flachem, sandigem Meeresgrund umgeben. Wie sollten sie auf natürliche Weise entstanden sein? Oder wurden Sie vor Jahrtausenden einst mit titanischen Kräften hierher bewegt?

Die beiden Täler, welche hinunter in diese Tiefen führen, werden seitlich von mauerartigen Felsungetümen begrenzt. Sind diese vielleicht aus einzelnen Steinen zusammengesetzt?

Bei einem der Tauchgänge habe ich mich an die Arbeit gemacht und den Bewuchs auf der Suche nach Mauerritzen oder Ähnlichem entfernt, habe allerdings keine Fugen oder andere Spuren menschlicher Bearbeitung finden können.

Wenn dies also keine natürliche Formation sein sollte, sondern wahrlich die monolithische Begrenzung eines vorsintflutlichen Bauwerkes, so bestünde diese aus einem einzigen Riesenstein, vergleichbar mit den schier unglaublichen Ausmaßen des sogenannten „Stein des Südens“ in Baalbek, welcher mit einer Länge von 20 Metern und einem Gewicht von circa 1.000 Tonnen eine vergleichbare Größe hat.

Abb. 27: Der kolossale „Stein des Südens“ in Baalbek. (Bildquelle: Wikimedia/Ralph Ellis)

Dann wären die unbekannten Baumeister dieser Anlage allerdings mit geradezu titanischen Fähigkeiten ausgestattet gewesen, denn wie solch tonnenschwere Monolithen ohne technologische Hilfsmittel bewegt worden sein sollen, ist bis heute nicht abschließend geklärt.

Unweit dieser Mauer in Gebel gol-bahar beginnt Casey dann auf einmal wild zu gestikulieren. Ich überprüfe hektisch meine Ausrüstung, suche die Umgebung nach Haien oder russischen Atom-U-Booten ab und erwäge kurzzeitig, in Panik zu verfallen.

Doch dann bemerke ich plötzlich, worauf er so aufgeregt zeigt.

Direkt unter uns befindet sich ein Felsen, der einen beinahe perfekten rechten Winkel aufweist. Ich wäre ahnungslos vorbeigeschwommen, wenn er mich nicht auf diesen sensationellen Fund aufmerksam gemacht hätte.

Abb. 28: Die „Boulder Creek", eine Allee von Riesensteinen. (Bildquelle: Thorsten Morawietz)

Abb. 29: Der L-Rock.
(Bildquelle: Thorsten Morawietz)

Abb. 30: Der L-Rock.
(Bildquelle: Thorsten Morawietz)

Abb. 31: Artefakt 2. (Bildquelle: Thorsten Morawietz)

Handelt es sich hier um die Reste eines monolithischen Torbogens, welcher einstmals den Eingang zu dieser gewaltigen Anlage darstellte?

Der Felsen hat die Ausmaße von 6,20 mal 1,20 mal 1,40 Metern. Von oben kann man deutlich sehen, dass neben dem L-Felsen ein abgebrochenes Stück liegt. Somit ähnelt er deutlich den Felsen, welche man in den „Tempelanlagen“ wie Hagar Qim findet.

Die Tiefe von 24 Metern, in welcher man diesen monströsen Stein finden kann, weist auf ein beinahe ungeheuerliches Alter dieses Monolithen hin. Somit wäre die Anlage Gebel gol-bahar in grauer Vorzeit errichtet worden, zu einer Zeit, in welcher die Menschheit nach traditioneller Wissenschaft keinesfalls zu einer Bearbeitung solcher Felsungetüme technisch in der Lage gewesen sein sollte.

Als wir dann weiter östlich im Gebiet Belt fil-bahar tauchen, wird die Szenerie immer bizarrer und seltsamer. Wir stoßen auf gigantische Steinblöcke, in welche eine Riesenstufe geschlagen worden zu sein scheint.

Abb. 31B: Das Gegenstück des L-Rocks in Hagar-Qim. (Bildquelle: Thorsten Morawietz)

In einer Tiefe von ca. 35 Metern liegen hier die tiefsten und auch titanischsten Exemplare, denn seltsamerweise werden sie immer größer, je tiefer man kommt.

Zu Füßen eines dieser Ungetüme stoßen wir dann auf einen weiteren seltsamen Fund: Ein Monolith, an welchem an der linken Seite ein rechtwinkliges Stück herausragt, also ein weiterer Fund, welcher eindeutig auf Steinbearbeitung schließen lässt. Wir haben es „Artefakt 2" getauft.

Ein weiterer Felsen taucht aus dem trüben Blau des Meeres vor uns auf. Ein exakt quaderartiger Block, absolut perfekt, wie mit technischen Mitteln ausgefräst. In seine Mitte ist ein kreisrundes Loch eingeschnitten. Die Ähnlichkeit zu den Misqa-Tanks an Land ist frappierend. War dies das Fundament einer prähistorischen Tankanlage? Wurde hier der Treibstoff für technische Apparaturen unbekannter Natur gelagert?

Das gesamte Gebiet wirkt wie ein phantastisches Wunderreich auf mich. Ein bizarr geformter Felsen nach dem anderen erscheint vor uns, die Relikte einer versunkenen Gigantenwelt. Quaderförmige Fundamente verfallener Paläste auf dem Meeresgrund, die Jahrtausende durchträumende Monolithen, Relikte längst verschwundener Technik-Götter.

Plötzlich stoßen wir auf eine einzelne Rille im Meeresboden, eine „Single-Cart-Rut" quasi, welche weiter hinaus aufs offene Meer und hinunter in die Tiefe führt. Obwohl mein Sauerstoff bereits etwas knapp ist, und immer mehr Wasser in meine Maske dringt, folgen wir dieser nach.

Es geht immer weiter hinab, dann taucht aus dem dunstigen Blau ein weiterer Monster-Monolith auf in einer Tiefe von ca. 35 Metern, auf welchen die einzelne Rille direkt zuführt.

Auch dieser riesige Felsen weist eine Stufenstruktur in der Mitte auf, wie wir sie schon mehrfach auf dem Gelände beobachten konnten.

Weshalb führt diese Linie genau auf den Koloss zu?

Wurden in dieser Rille früher, als dieses Gelände noch über dem Meeresspiegel lag, also vor deutlich über 10.000 Jahren, Flüssigkeiten in Rohren transportiert, welche, längst vom Rost zerfressen, verschwunden sind? Oder ist diese Einkerbung im Meeresgrund ein prähistorischer Kabelkanal?

War der Felsen das Fundament einer Einrichtung, auf welcher Maschinen unbekannter Art installiert waren? Wurde diese Stufe einstmals in den Stein gehauen, als Fundament einer Landeplattform oder einer Startrampe?

Als ich den Monolith umschwimme, läuft auf einmal Salzwasser meinen Hals hinunter.

Ich schiebe mein Mundstück tiefer in den Mund hinein und beiße fest darauf, doch das Gefühl zu ersticken, verschwindet nicht.

Als ich bemerke, dass ausgerechnet jetzt Casey mich filmt, beschließe ich, nicht sofort in hemmungslose Panik zu verfallen, sondern schwimme langsam auf ihn zu. Auch beim Ertrinken eine gute Figur zu machen, scheint mir ja äußerst wichtig zu sein, geht mir durch den Kopf.

Immer mehr Wasser kommt irgendwie in mein Mundstück, wenn ich jetzt in bester Video-Qualität sterben würde, brächte ich es posthum sicherlich zum Internet-Star.

Ich halte den Daumen nach oben, das Zeichen zum sofortigen Auftauchen.

Ich glaube, sogar durch seine Tauchmaske hindurch erkennen zu können, wie er entnervt die Augen nach oben dreht, und er bedeutet mir, noch etwas zu warten wegen der Dekompression. Ich entscheide mich also, doch nicht zu ertrinken und betrachte mir den gigantischen Stein von oben.

Eine gewaltige Stufe scheint in den Stein geschlagen worden zu sein. Wir haben schon zwei oder drei solcher Strukturen gesehen. Auch wenn die Kanten leicht schräg verlaufen, kann diese unmöglich natürlichen Ursprungs sein.

In seiner zyklopischen Riesenhaftigkeit erinnert dieses Ungetüm etwas an die Unterwasserpyramide von Yonaguni, auch wenn diese noch bedeutend schärfere und geradere Kanten aufweist.

Sind diese Monolithe die Überreste von technologischen Einrichtungen, deren metallene Bestandteile längst zerfallen sind und es sind nur noch die steinernen Fundamente übrig geblieben?

Ein paar Monate später: Wir lassen die Drohne zu Wasser, wie ein Raumschiff zieht sie ihre Bahnen durch das klare Wasser. Ihre Scheinwerfer leuchten geheimnisvoll im Blau des Meeres, als sie langsam in die Tiefe sinkt.

Abb. 32: Die Unterwasserpyramide in Yonaguni, Japan. (Bildquelle Wikimedia/Vincent Lou)

Um unsere Forschungen zu unterstützen sind Ramon Zürcher und Roger Holzer von der A.A.S. auf Malta eingetroffen.

Die A.A.S., die Forschungsgesellschaft für Archäologie, Astronautik und SETI ist eine Organisation um Erich von Däniken herum, welche sich die Erforschung der Rätsel dieser Welt zur Aufgabe gesetzt hat. In der phantastischen Zeitschrift „Sagenhafte Zeiten“ kann man sich über ihre Arbeit informieren.

Die Tatsache, dass ich anscheinend nicht der Einzige bin, welcher sich mit dieser Thematik beschäftigt, beruhigt mich etwas. Diese Organisation hat meine Forschungen unterstützt, wofür ich sehr dankbar bin.

Die beiden haben eine moderne Unterwasser-Drohne im Gepäck, mit welcher wir das Gelände auf dem Meeresgrund genauer erforschen und kartographieren wollen.

Wir sind voller gespannter Erwartung, als wir die Drohne das erste Mal zu Wasser lassen. Wir erhoffen uns, viel größere Gebiete pro Tauchgang untersuchen zu können und so das gesamte Gelände neben der Umgebung auf künstliche Strukturen zu sichten.

Doch das Kabel verwickelt sich ununterbrochen, Seegras verfängt sich in der Schraube, wir holen die Drohne mühsam nach oben, reinigen die Schraube, lassen sie wieder zu Wasser, woraufhin die Steuerung versagt. Nach einem langwierigen Neustart lassen wir die Drohne erneut tauchen, als die Computersteuerung abstürzt.

Vom ständigen Starren auf den Computerbildschirm wird mir inzwischen übel, und ich erbreche mich über die Bordwand.

Das Sonargerät, das wir in mehrstündiger Arbeit nach Lektüre einer Bedienungsanleitung, die es an Unergründlichkeit mit den altägyptischen Pyramidentexten aufnehmen kann, endlich zum Laufen gebracht haben, produziert beeindruckend bunte Bilder, die jedoch keinerlei Sinn zu ergeben scheinen. Eigentlich ähnelt das Sonarbild der Schönheit eines Bildschirmschoners. Als wir die Drohne wieder durch mehrere Neustarts einsatzbereit gemacht haben, ist der Akku leer.

Als es auch nach dem dritten Bootsgang nicht besser wird, erwägen wir, die Drohne in einer rituellen Opferung am Strand von Malta zu zertrümmern, entscheiden uns jedoch dann, einfach weiter zu tauchen. Mit der Unterstützung und dem Forscherelan der beiden gelingen uns weitere interessante Entdeckungen.

Ganz besonders möchten wir uns bei der A.A.S., Ramon Zürcher und natürlich den Förderern meiner Crowdfunding-Kampagne bedanken! Ohne ihre Unterstützung wäre diese gesamte Aktion gar nicht möglich gewesen! Es ist toll, dass es Menschen gibt, deren Entdeckerlust und Forschungsdrang über die Grenzen des Gewöhnlichen hinausgeht und die so neue, ungeahnte Möglichkeiten eröffnen.

Wir vermessen und kartographieren weiter, der „Giga-Block“ beispielsweise, welcher vom Hauptplatz von Gebel gol-bahar zu Belt filbahar führt, hat die Ausmaße von 19 mal 15 mal 2,40 Metern und damit ein geschätztes Gewicht von mindestens 1.800 Tonnen.

Auf der nicht maßstabsgetreuen Übersichts-Karte, welche wir von dem ganzen Areal skizziert haben, sieht man den Aufbau der gesamten Anlage auf dem Meeresgrund. Es gibt deutliche Ähnlichkeiten in der Struktur mit den berühmten „Tempelanlagen“ Hagar Qim und Mnajdra auf dem Festland.

Auch hier befinden sich zwei Anlagen nahe beieinander, auch hier sind Misqa-Tankanlagen und „Cart Ruts“ in direkter Nähe. Allerdings ist bei dem Areal auf dem Meeresgrund alles bedeutend titanischer, die Steinquader in Belt fil-bahar sind, selbst im Vergleich zu den monströsen Blöcken der „Tempelanlagen“ an Land, riesig.

Abb.33: Die Karte des Areals.

Als wir die „Cart Ruts“ genauer vermessen wollen, taucht aus dem Blau des Meeres ein weiterer titanischer Felsblock auf.

Als wir darauf zu tauchen, erscheinen auf seiner Oberfläche immer mehr eingekerbte Linien, es sind quaderförmige Strukturen wie aus dem Gestein herausgefräst. Auch an seiner Seite befinden sich wie in den Stein gekerbte Rillen.

Der Stein ist riesig, er hat ein Gewicht von weit über 1.000 Tonnen.

Es lässt sich deutlich erkennen (vor allem auf den Filmaufnahmen), dass der Stein unten mit einer scharfen Kante auf dem Meeresgrund aufliegt und nicht aus dem Muttergestein herauswächst. Es ist also eindeutig künstlichen Ursprunges. Wir haben ihn „Cart-Rut-Rock" getauft, wegen der Einkerbungen auf seiner Oberfläche, welche an „Cart Ruts" erinnern.

Abb. 33A: Der riesige „Cart-Rut-Rock" mit eingefrästen Rillen. (Bildquelle: Thorsten Morawietz)

Abb. 33B: Der Felsen hat ein Gewicht weit über 1.000 Tonnen. (Bildquelle: Thorsten Morawietz)

Abb. 33 C: Unten liegt der Felsen mit einer scharfen Kante auf dem Meeresboden auf. (Bildquelle: Thorsten Morawietz)

Abb. 33 D: Munition vom Meeresgrund.
(Bildquelle: Thorsten Morawietz)

Aufgrund der Tiefe von 12 bis 24 Meter, in welchen wir solche Mega-Blöcke finden konnten, müssen diese, nach dem Stand des Meeresspiegels, vor über 10.000 Jahren dorthin verbracht worden sein.

Auf der damaligen Entwicklungsstufe, welche von der traditionellen Wissenschaft der Menschheit zugeschrieben wird, ist dies absolut unmöglich.

FILMLINK: Der Cart-Rut-Rock

Hier können Sie einen kleinen Film der Vermessungsarbeiten und des mysteriösen „Cart-Rut-Rock“ sehen.

https://youtu.be/zX6IzJZawgo

Eines der gefundenen Relikte unweit der Tempel auf Malta ist die sogenannte „Fat Lady“, die „Dicke Dame“, aus welchem man schloss, dass hier ein Fruchtbarkeitskult einstmals seine Heimstätte gefunden hatte.

Allerdings ist auch (vielleicht mit etwas Phantasie) eine andere Deutung dieser Figuren möglich.

Abb. 34: Die „Fat Lady", Muttergöttin oder eine Gestalt im Schutzanzug? (Bildquelle: Wikimedia/ Hamelin de Guettelet)

In der Tat sind einige der Darstellungen in der Tat eindeutig weiblich, mit Brüsten und ausladenden Hüften.

Bei vielen Darstellungen, die man auch als „Fat Ladies" bezeichnet, fehlen allerdings die Brüste. Merkwürdig, gerade bei der Darstellung der Weiblichkeit fehlt eines der wichtigsten Merkmale. Bei genauerem Betrachten sieht die „Fruchtbarkeitsgöttin" gar nicht mehr so weiblich aus.

Könnte es sich nicht um die Darstellung eines Wesens in einem unförmigen, klobigen Schutzanzug handeln, mit einem umgeschnallten Instrumentengürtel? Als mir dieser Gedanke das erste

Mal kam, musste ich selbst ein wenig schmunzeln, doch wenn man die Figur unvoreingenommen betrachtet, ist diese Interpretation zumindest nicht völlig unmöglich.

Bei manchen dieser Figuren fehlt ausgerechnet der Kopf. Was würde er darstellen? Eine weibliche Fruchtbarkeitsgöttin? Oder wäre der verschollene Kopf vielleicht vielmehr die Darstellung eines behelmten Technik-Gottes? Doch selbst so man einen dieser verschwundenen Köpfe fände, würde man den Helm vielleicht als „Priesterkopfbedeckung" bezeichnen, die Luftschläuche als „zeremonielles Zierrat".

Dennoch werden wir den Boden der unterseeischen Anlage auf solche Funde hin absuchen. Wer weiß, welche Schätze und Geheimnisse sich dort unten noch verbergen.

Hanuman, der rätselhafte Gott

SOUNDTRACK:
„Threnody for the victims of Hiroshima“ von Penderecki

Aus der Ferne ertönen Schreie, Gewimmer und seltsame Musik. Inmitten von Tausenden von Menschen werde ich vorwärts geschoben, seltsames Gemurmel ertönt in den langen Gängen, es riecht nach Räucherstäbchen, billigem Rasierwasser und Schweiß. Alle um mich herum sind von einer fiebrigen Erregung ergriffen, als würde ihnen gleich ein mystisches, geheimnisvolles Erlebnis zuteil.

Von Fackeln erleuchtet stehen Statuen indischer Gottheiten in den Nischen der engen Gänge, der elefantenköpfige Ganesha, der tanzende Shiva und der vielköpfige Brahma. Die Wände sind mit den tausendfarbigen Bildern von Schlachten zwischen den Göttern bedeckt, schwebende Himmelswägen, seltsame Mischwesen mit Tierköpfen kämpfen mit fliegenden Dämonen. Dazwischen prangt allerdings auch das eine oder andere Werbeplakat für Mobilfunktarife.

Dann tut sich vor uns die sogenannte „Halle der Hölle“ auf, und nun begreife ich, warum sie von den Einheimischen so genannt wird. Überall sind Menschen, teilweise gefesselt, welche sich wie in Krämpfen winden, kreischen und toben. Priester stehen betend um die Schreienden herum, an allen Ecken des riesigen Saales wird getanzt, gesungen und gebetet.

Der Mehandipur-Balaji-Tempel im indischen Rajastan ist der geheimnisvollen Gottheit Hanuman gewidmet.

Nach uraltem Volksglauben werden dort von „Dämonen“ besessene Menschen heilenden Ritualen unterzogen, um die bösen Geister auszutreiben. Mit rituellen Tänzen und Zeremonien versuchen die Inder, vermeintlich Besessene von ihren Qualen zu erlösen.

Den bedauernswerten Menschen, welchen dort unter unzähligen Ritualen die Dämonen ausgetrieben werden sollen, wäre sicherlich durch moderne psychologische und psychiatrische Behandlung besser geholfen. Doch fehlt hierzu in den ärmsten Gegenden Indiens sowohl das Geld als auch wohl das Vertrauen in die moderne Wissenschaft.

Abb. 35: Hanuman, der Affengott. (Bildquelle: shuttersttock.com)

Hanuman, der Herr dieses Tempels, der „Sohnes Windes“ ist eine erstaunliche Gestalt der indischen Mythologie. Er ist im „Ramayana“ der treue Gefährte des Prinzen Rama und wird noch heute in Indien in tausenden Tempeln verehrt.

Er sieht aus wie ein Mischwesen aus Mensch und Affe und besitzt die sonderbarsten magischen Kräfte. Er kann fliegen, besitzt die Kraft, Wolken und Berge auszureißen und hat eine Stimme wie Donner. Und er verfügt über die Fähigkeit, seine Gestalt nach Belieben zu vergrößern, zu verkleinern oder zu verändern.

In dieser wunderbaren schillernden Gestalt könnten vielleicht die verschiedensten verschütteten Erinnerungen zusammengekommen sein: Einerseits die Erinnerung an Mischwesen von Göttern und Menschen, die, durch künstliche Befruchtung erzeugt, einst die Erde bevölkerten, und andererseits der Nachhall von technischen Apparaturen, welche Gestalten in die Lüfte heben konnten, mit einer „Stimme wie Donner".

Die Götter Asiens mit ihren Wunderkräften sind vielleicht Erinnerungen an hochtechnologische Ausrüstung und Schutzanzüge, die unerklärliche Macht der überirdischen Wesen ist das Echo von unverstandener Technik, die fliegenden Himmelswägen sind Erinnerungen an prähistorische Fluggeräte, die Beschreibungen der Kriege mithilfe von Dämonen und Ungeheuern sind die Schilderungen von Schlachten mit hochentwickelten, unverstandenen Kriegsmaschinen.

Vor allem die Waffe des Gottes Indra, der Donnerkeil, welcher hell strahlte und glänzte, wirkt wie die Erinnerung an ein technisches Relikt.

Noch heute wird dieser an ein technisches Gerät erinnernde Gegenstand von den Indern unter dem Namen Dorje verehrt. Dieses Wort bedeutet im Sanskrit „mächtig", diese Waffe besitzt eine unzerstörbare Strahlkraft. Es soll einstmals aus dem „Stahl des Himmels" hergestellt worden sein.

Hatte die Menschheit vor Jahrtausenden bereits einmal ein technologisches Wissen, welches unserem heutigen nicht nur ebenbürtig, sondern vielleicht sogar überlegen war? Gibt es in den Überlieferungen der Menschheit Hinweise darauf?

Machen wir eine kleine Expedition durch die asiatische Mythenwelt und die moderne Physik.

Falls Sie das Folgende nicht so recht begreifen, keine Sorge, ich selbst kapiere es auch nicht. Ich behaupte nicht, vollständig all die folgenden, oft obskur anmutenden physikalischen Theorien zu verstehen, ebenso wenig wie die unermessliche Tiefe der indischen Philosophie, aber die Ähnlichkeiten sind verblüffend. Falls jemand die kommenden Seiten überspringt, hat er mein vollstes Verständnis.

Abb. 35B: Dorje, Indras Waffe, die Erinnerung an ein technisches Relikt?
(Bildquelle: wikimedia/http://collections.lacma.org/sites/default/files/remote_images/piction/ma-31211072-O3.jpg)

In der indischen Mythologie entsteht die Welt durch das Quirlen des Milchozeans. Unzählige Sagen und Bildwerke zeigen diesen Ur-Schöpfungsakt in allen Facetten und in fremdartiger Pracht, welcher verblüffend modernen kosmologischen Theorien ähnelt.

Einst zu Anbeginn aller Zeiten verbünden die Götter und Dämonen sich, winden die Weltenschlange Sheba um den heiligen Berg Meru und quirlen so den Milchozean, bis aus diesem heraus dann verschiedene Kostbarkeiten erscheinen, wie die Welt, der Mond und auch das Unsterblichkeitselixier.

Diese Schilderung ähnelt den heutigen Theorien von der Entstehung des Sonnensystems. Vor 4,5 Milliarden Jahren kreiste im All eine gewaltige Molekülwolke, die sich allmählich zu Sternenhaufen verdichtete, aus welchen heraus dann die Planeten entstanden.

Es wirkt ein wenig so, als hätten die Schöpfer diesen Mythos vor Jahrtausenden den Gesprächen von modernen Astrophysikern gelauscht und, ohne alles vollständig zu verstehen, diese Erkenntnisse in ihre Legenden einfließen lassen.

Auch die vermutliche zyklische Natur des Universums, welche nach dem Urknall expandiert, und dann wieder in sich zusammenfällt, spiegelt sich in der indischen Mythologie. Der Gott Shiva schläft in der Weltnacht, die Zeit zwischen zwei Welt-Schöpfungen, auf der Schlange Shesa. Am Ende von jedem Kalpa, dem hinduistischen Weltenzyklus mit einer Dauer von 432 Millionen Menschenjahren, erbricht die Weltenschlange giftiges Feuer, welches den ganzen Kosmos zerstört. Auch der in der modernen Physik prognostizierte Wärmetod des Universums ist hier in verblüffender Manier vorweggenommen.

Auch andere Erkenntnisse der modernen Physik wurden in mythologischer Form in erstaunlicher Genauigkeit von der asiatischen Philosophie in poetischen Bildern bereits vor Jahrtausenden formuliert.

Vor allem die scheinbar paradoxen Theorien der modernen Quantenphysik ähneln uralten Weisheiten der indischen Philosophie.

Die Entdeckung der quantenmechanischen Phänomene hat erst in den letzten Jahrzehnten den tatsächlichen Beweis dafür erbracht, dass sich die Welt nicht in eine unabhängig vom Betrachter existierende Wirklichkeit und in den Beobachter trennen lässt, sondern dass alles auf einer tiefgehenden Ebene zusammenhängt.

Die uralten asiatischen Philosophen wussten hiervon schon vor Jahrtausenden.

Beim sogenannten Welle-Teilchen-Dualismus beispielsweise geht es darum, dass man nicht objektiv feststellen kann, ob Elektronen Teilchen oder Wellen sind. Dies hängt von der Art der Messung ab, vom Beobachter also. Je nachdem, wie man die Messung vornimmt, verhalten sie sich wie Wellen oder wie Teilchen. Dies klingt völlig widersinnig, ist aber physikalische Realität.

Und bei dem EPR-Effekt wiederum sind zwei Teilchen immer noch miteinander verschränkt, obschon sie möglicherweise Lichtjahre voneinander entfernt sind. Ändert man den Drehimpuls des einen Teilchens, so hat dies einen Einfluss auf das andere Teilchen. Beide scheinen Teil einer unaufspaltbaren Wirklichkeit zu sein und sind miteinander verbunden, obschon sie sich an verschiedenen Enden des Universums befinden.

All dies ist in der buddhistischen und hinduistischen Philosophie bereits vor Jahrtausenden ausgedrückt worden, dass alles in der Wirklichkeit nur scheinbar voneinander getrennt ist, sondern dass jedes einzelne Ding im Universum miteinander zusammenhängt.

Die paradox erscheinende Widersprüchlichkeit der Erkenntnisse der modernen Quantenmechanik zu erfassen, ähnelt der asiatischen „Erleuchtung“, welche die Ebene der rein gegenständlichen Wirklichkeit übersteigt, um das Sein in seiner Tatsächlichkeit zu erfassen.

Ebenso erinnert das Paradoxon von Schrödingers Katze an die buddhistischen Zen-Koans. Schrödingers Katze nennt man ein Gedankenexperiment, bei welchem eine in eine Kiste gesperrte Katze „gleichzeitig“ tot und lebendig ist, bevor nicht ein Betrachter den quantenmechanisch unbestimmten Zustand durch das Öffnen der Kiste in einen bestimmten Zustand überführt. (3)

Dies klingt nicht nur völlig abwegig, sondern ist tatsächlich mit unserem „normalen“ Verstand nicht zu begreifen. Die scheinbaren

Paradoxien der Quantenmechanik (und teilweise auch der Relativitätstheorie) lassen sich nur durch ein „Übersteigen“ der herkömmlichen Denkweise verstehen und nutzbar machen.

Exakt dieses geschieht auch in den merkwürdigen Zen-Koans.

Zen Koans sind zen-buddhistische Lehrgedichte, die in kurzer, scheinbar paradoxer und sinnloser Form die Illusion, dass sich die Dinge voneinander unterscheiden, auflösen sollen, um den Schüler auf eine höhere Ebene des Verständnisses zu führen.

Hier einige kurze Beispiele dieser absurden Lehrsprüche:

„Die Welle und das Meer sind eins.“

„Du kennst das Geräusch, wenn zwei Hände klatschen. Nun sage mir, wie ist das Geräusch, das beim Klatschen einer Hand entsteht.“

„Ein Mönch fragte Tozan: „Was ist Buddha?“ Tozan antwortete: „Drei Pfund Flachs.“ (4)

Der menschliche Geist wird durch diese scheinbar sinnlosen und widersprüchlichen Sätze gezwungen, die Ebene des „normalen“ Verstandes zu übersteigen und begreift in einer plötzlichen Erkenntnis die wahre Wesenheit des Universums, er erfährt die Erkenntnis der Nicht-Zweiheit. Exakt so verhält es sich bei den Paradoxien der modernen Quantenmechanik.

Das Gedankenexperiment um Schrödingers Katze ist eine moderne Version des Zen-Koans.

Betrachtet man die hinduistische Philosophie unter diesem Blickwinkel nehmen die Parallelitäten kein Ende:

Der oberste der indischen Götter, Lord Shiva, erschafft durch seinen ewig währenden Tanz den Kosmos, ebenso wie in der modernen String-Theorie das Vibrieren der Strings die Wirklichkeit entstehen lässt.

Auch die Überlegungen der Viele-Welten-Theorien kommen den Gedankengängen des Hinduismus sehr nahe, wo sich die einzelnen

Wesen durch Abspaltung von der einen, allumfassenden Weltseele bilden.

Die Viele-Welten-Theorie besagt, dass sich das Universum bei jedem Kollaps der Wellenfunktion in zwei neue Universen aufteilt. In diesem Augenblick spaltet sich also das Universum in zwei neue Universen auf: In dem einen lesen Sie dieses Buch weiter, in dem anderem legen Sie es nun entnervt weg.

Doch keine Sorge, Sie haben es nun geschafft.

All dies scheint, natürlich neben der unglaublichen Reichhaltigkeit und Tiefe der geistigen Anschauung, auf die vorgeschichtliche, längst vergessene Kenntnis von naturwissenschaftlichen Erkenntnissen hinzuweisen, welche, in Mythen und Philosophie gekleidet, bis auf den heutigen Tag im Bewusstsein der Menschen lebendig blieben.

Vielleicht kamen also immer wieder die Menschen der Vorzeit als Hilfsarbeiter oder Sklaven in Kontakt mit der hochentwickelten Technologie und fingen, ohne dass sie diese völlig zu verstehen vermochten, immer wieder einzelne Teile der komplizierten physikalischen Theorien auf und bauten diese dann im Lauf der Jahrhunderte in ihre Religion und Philosophie ein.

Auch die phantastischen Mischwesen der Mythologie sind vielleicht die Erinnerungen an tatsächliche Geschehnisse.

Es gibt überall in den Mythen der Welt Sagen von Kreuzungen von Mensch und Tier und immer wieder Berichte, dass die Götter unzufrieden waren mit ihren Schöpfungen und diese vernichteten.

Ist dies die Erinnerung daran, wie einstmals die „Überirdischen" genetische Experimente an der Menschheit vornahmen, wie sie versuchten, die primitiven Menschen in ihrem Erbgut zu verändern, und wie sie ihre misslungenen Schöpfungen immer wieder vernichteten?

Abb. 36: Die seltsamen „Mischwesen" auf einer babylonischen Darstellung. (Bildquelle: Wikimedia/Richard Mortel)

Dieser Gedanke hat etwas Gespenstisches. Waren die „Götter" derart grausam gefühllos? Ist unsere Menschheit das Resultat eines urzeitlichen genetischen Experiments?

Ist dies mehr als phantastische Spekulation?

Ist die menschliche Spezies schon einmal beinahe zugrunde gegangen, vor Abertausenden von Jahren?

Wiederholen wir vielleicht gerade die Fehler unserer unergründlichen Vergangenheit?

Werden wir erneut uns selbst zerstören, und werden Forscher einer fernen Zukunft durch die Ruinen unserer zerstörten Welt streifen, durch die Relikte eines längst versunkenen Königreiches?

Die Welt ohne Menschen

SOUNDTRACK: *„Elysium" von Lisa Gerrard*

Die völlig menschenleere Erde. Wie befreit von einem bösen Traum, von einem hartnäckigen Schimmelpilz, ist die Welt endlich erlöst vom Joch der Menschheit. Die Täler, Schluchten und Gebirge thronen in majestätischer Einsamkeit, kein Zeichen weist in der unendlichen Leere mehr darauf hin, dass jemals Menschen diesen Planeten bewohnt haben.

Irgendwann werden auch die postapokalyptischen Nachkommen der Menschheit vom Antlitz der Erde verschwinden, es wird der letzte Mensch, in den Trümmern der verlassenen Riesenstädte hausend, die Augen auf ewig schließen, und mit ihm werden all unsere Träume, Pläne und unsere Götter ins Nichts verschwinden.

Die Erde wäre menschenleer, befreit wie von einem bösen Alptraum, der einige kurze Jahrtausende gedauert, ein Wimpernschlag in den Jahrmillionen der Ewigkeit.

Was bliebe dann von uns, von unseren Monumenten und Königreichen, von unseren Werken und Träumen?

All unsere Schöpfungen, Bauwerke und Technologien sind keineswegs von so ewiger Dauer, wie man glauben möchte.

Die allermeisten Überbleibsel würden in nicht einmal tausend Jahren in das ewige Nichts verschwinden, bereits nach 10.000 Jahren wären nur mehr wenige Anzeichen zu finden, dass einst Menschen auf der Erde gelebt haben.

Zuerst würden die stählernen Gerippe der Wolkenkratzer vom Grün überwuchert, wild wachsende Natur würde die schweigenden Straßen zurückerobern.

Irgendwann erobern die Tiere sich das Dickicht der Städte zurück, Rehe grasen in den verwilderten Parks und überwachsenen Straßen, die Vögel nisten in den leeren Fenstern der verfallenden

Wolkenkratzer, gewaltige Büffelherden ziehen über rissige Highways.

Bereits nach hundert Jahren begännen die ersten der stählernen Ungetüme in sich zu kollabieren, die Ruinen der Gebäude würden verrotten und zerfallen, Beton würde sich in Schotter auflösen und vom Wind davon getragen.

Nach kaum tausend Jahren wären die allermeisten unserer monumentalen Bauwerke und Metropolen in Nichts verschwunden.

Das Einzige, was übrig bliebe, wären, nicht anders als auf Malta, Bauten aus Stein.

Ich stelle mir vor, wie in Jahrtausenden vielleicht einmal Wissenschaftler einer unbekannten Zivilisation die schon lang von den Menschen verlassene Erde durchstreifen.

Wie werden sie aussehen? An welche Götter werden sie glauben? Welchen Königen dienen sie?

Und was werden sie erblicken?

Alle Zeichen unserer einstmals so prächtigen Kultur sind längst vergangen, nur einige wenige Relikte unserer Zeit sind übrig geblieben:

Riesige Staumauern, U-Bahn-Schächte, die Mauern von Kraftwerken. Und die Pyramiden und die Tempel auf Malta.

Unsere Bibliotheken mit den gesammelten Weisheiten der Menschheit sind zu Staub verfallen, all die Theoreme, Abhandlungen und Traktate sind in das Nichts verschwunden. Der gesamte Schatz der menschlichen Dichtung löst sich auf und wird als Staub durch die leeren Straßenschluchten geweht. Nichts bleibt übrig von unserer Herrlichkeit, unserem Wissen, unseren Träumen.

Wie würden Forscher einer fernen Zukunft wohl unsere heutige Zeit rekonstruieren?

Alle schriftlichen Zeugnisse, welche nicht in den härtesten Stein gehauen wurden, würden verschwinden, alle digitalen Informationen ebenso wie Papier und Pergament. Das Wissen über unsere versunkenen Reiche müssen sich diese Archäologen einer fremden Kultur aus den Relikten der Vergangenheit zusammensetzen.

Einzig steinerne Inschriften blieben übrig, Grabinschriften, die eingemeißelten Schriften an Monumenten und Denkmälern. Aus diesen kümmerlichen Überresten würde man sich ein völlig verzerrtes Bild unserer Zeit machen.

Die Inschrift „Ruhe in Frieden" würde man vielleicht als den Namen eines archaischen Herrschers ansehen, die in den Stein gemeißelten Häupter der amerikanischen Präsidenten in Mount Rushmore hielte man für Göttergestalten.

Vielleicht würde man in den U-Bahn-Schächten zahllose Leichen auffinden, welche sich dorthin geflüchtet haben und dann starben, oder vielleicht haben sie die Überlebenden wirklich als Begräbnisstätte genutzt. So würde man also diese Schächte als „Grabkatakomben" bezeichnen, ohne etwas von ihrem wahren, viel profaneren Zweck zu ahnen.

Die U-Bahn-Stationen würde man für „Totentempel" halten, und das aus Stein gehauene „U" als Symbol der Untergrund-Bahn hielte man für den Namen des Totengottes.

Hinter den riesigen Mauern der Kraftwerke fanden vielleicht Überlebende der Katastrophe Schutz, verteidigten sich dort gegen ihre Feinde mit den Mitteln, die ihnen übrig geblieben sind. Die Archäologen einer fernen Zukunft fänden also dort Waffen und Zeichen von Besiedelung, hielten die Kraftwerksanlagen für Kriegsfestungen und würden die Bauzeit vielleicht um Jahrtausende später datieren.

Man würde sich verwundern, wie es die primitiven Völker einstmals geschafft haben konnten, diese riesenhaften Bauten ohne technologische Mittel zu errichten. Man würde, wie bei den Pyramiden von Gizeh, über Rampen, Seilwinden und Holzkonstruktionen spekulieren.

Welche Erklärungen würden die Wissenschaftler jener fernen Zukunft für die erhaltenen Riesenmauern unserer Kraftwerke annehmen? Das gesamte Konzept der Elektrizität würde man den vermeintlichen Urmenschen wohl nicht zutrauen, denn kein Relikt hiervon bliebe erhalten. Also würde man vielleicht „Tempelbauten" vermuten.

Die steinernen Abbilder der Maschinen und Waffen würde man als „Kultgegenstände" bezeichnen, ohne etwas von ihrem wahren Ursprung zu ahnen.

Die immer noch monströs in der Wüste stehenden Pyramiden von Gizeh wird man vielleicht aufgrund der Ähnlichkeit in der Baukonzeption für genauso alt wie die Kraftwerksgewölbe des Atomkraftwerkes von Dabaa halten, welches erst in den nächsten Jahren in Ägypten erbaut werden wird.

Doch in ihrer Monumentalität könnte man sie für Werke der gleichen Kultur halten, noch dazu, wo man in der Nähe von beiden Orten Zeichen von Besiedelung der postapokalyptischen Menschen finden könnte, Speerspitzen und Steinmesser.

Und die „Tempelbauten" auf Malta entstammen nach den Theorien dieser Archäologen einer fernen Zukunft vielleicht den gleichen Baumeistern wie die Staumauer des Lago Pozillo in Sizilien aus dem Jahre 1959.

Wer weiß, ob unsere Datierungen und Vermutungen über die Vergangenheit nicht genauso falsch und unsinnig sind. Geht es unserer modernen Wissenschaft mit den Überresten (nicht nur) auf Malta vielleicht genauso?

Und sind wir erst langsam dabei, die verschüttete Wahrheit wieder aufzufinden?

Zwischenspiel

Das rätselhafte Volk der Londonianer

Ven-Tana ließ seinen Blick über die Ruinen von Londoniana schweifen. Diese gewaltigen Mauern waren einst das Zentrum eines prächtigen Reiches gewesen, das herrschte über eine längst vergangene Welt.

Welche Geheimnisse mochte diese versunkene Riesenstadt noch verbergen.

O, könnte sie erzählen von dem ausgestorbenem Volk der Londonianer, welches hier vor über 3.000 Jahren lebte, welches längst verschwunden ist im unerbittlichen Strudel der Jahrtausende.

Lange schon war es untergegangen, in den großen Klima-Kriegen war diese Kultur vollständig ausgelöscht worden.

Nur noch die Skelette der Wolkenkratzer ragten in die leeren Himmel, das Wasser schwappte müde durch die ehemaligen Straßen. Einstmals, vor der Großen Flut, war Londonia die Hauptstadt dieses versunkenen Königreiches gewesen.

Ven-Tana ließ seinen Levitationsgleiter sacht über die verfallene Stadt schweben. Seine Implantate pulsierten gleichmäßig, sein Gasinhalator blies Nährstoffe in seine zwei Nasen.

Er schwebte langsam auf die gespenstisch in den Himmel ragenden Ruine des riesigen Tempels „National History Museum" zu.

Der Gottkönig Will-i-am Shakes-Peare hatte diesen kolossalen Bau errichten lassen im Jahre 1970 als sein Grabmal.

Sie hatten Shakes-Peares prächtig verzierten Sarkophag gefunden, doch er war leer. Seine Mumie war schon vor Jahrhunderten von Grabräubern gestohlen worden.

Das Volk der Londonianer praktizierte damals einen komplizierten Einbalsamierungskult. Im großen Grabmal „National History Museum" hatte man viele Mumien gefunden, in prächtigen Sarkophagen waren sie aufgebahrt, in der Totenhalle des Gottes „Ägypten".

Der Schutzheilige des Kultes war Jes-Us, der erste mythische Gottkönig der Londonianer, welcher einstmals, so konnte man ihren uralten Legenden und Mythen entnehmen, als Erster von den Toten wiederauferstanden war. Schon lange suchten sie nach dem Grabmal des Jes-Us, nach dem Ur-Tempel mit Namen „Downing Street Number 10", doch er war verschollen. Wahrscheinlich, so war Ven-Tanas Theorie, war dies nur ein Mythos.

Die Schule der Neo-Granden behauptete, es habe sich bei dem „National History Museum" nicht um das Grabmal des Shakes-Peare gehandelt, sondern um den Sitz der Schutzheiligen „Elisa-Beth die Zweite", die Gruppe um die Universität Leonida vertrat die Theorie, dass es eine Sternwarte gewesen sei, andere wiederum hielten es für den Palast des mythischen Herrschers „Premierminister". Lächerlich.

Ven-Tana blickte stolz auf sein Reich. Er war ihm eine Ehre, der Vergangenheit ihre Rätsel zu entreißen.

Der Hohe Rat hatte ihn erst bei der letzten Wiedergeburts-Feier zum Leiter der Ausgrabungen ernannt, er trug den Schlüssel der 8 Künste, er war der Haupt-Meister der Versunkenen Reiche.

Er schwebte weiter, der leichte Nieselregen wurde von seinem Schutzschild abgehalten, sein Inhalator arbeitete leise surrend.

Die Luft war zu sauerstoffreich für ihn, ohne seinen Inhalator würden seine drei Lungen sofort kollabieren.

Vor ihm erhob sich jetzt die große Begräbnisstätte „Paddington Station".

Es war ein düsterer Bau, von prächtiger fremdartiger Schönheit. Nur die Grundmauern waren erhalten geblieben, doch man hatte ihn aufwändig rekonstruiert. Die sitzenden Riesenstauen des Ramses prangten neben dem Eingang, wie man sie im „National History Museum" gefunden hatte. Die Mauern bestanden aus gewaltigen Steinen, wie im fernen Kultzentrum „Stone-Henge".

Er schwebte langsam durch das Hauptportal, welches reich mit rekonstruierten Hieroglyphen verziert war.

Dies war einst der Haupttempel gewesen. Von dort aus ging es hinunter in die Schächte der Totengottes. Ein weitverzweigtes Labyrinth aus unterirdischen Gängen hatten sie errichtet, hunderte von Kilometern weit, ein düsteres Reich der Toten.

Diese rätselvollen Gänge erforschten sie schon seit Jahren, und immer wieder gab es neue faszinierende Entdeckungen zu machen. Gerade letztens hatten sie ein weiteres Totendiagramm gefunden, das beste bislang erhaltene Exemplar, das sie je entdeckt hatten. Dies wollte er sich einmal genauer ansehen.

Er schwebte in die große Tempelhalle hinein. Bereits von ferne sah er die Gruppe von Archäologen, wie sie um das Totendiagramm herumstanden. Kel-Tana trat ihm entgegen, sein Gefühlsimplantat pulsierte vor Ehrerbietung.

„Ehrwürdiger Ven-Tana, sei gegrüßt, M möge mit dir sein."

„Danke, ehrwürdiger Kel-Tana. Wie geht es voran?"

„Gut, Vorsitzender. Wir bauen die gesamte Molekularstruktur neu auf, der Niedere Rat hat uns die Genehmigung erteilt."

Ven-Tana ließ seinen Blick über das fremdartige Relikt schweifen.

Er war immer wieder fasziniert von der fremdartigen Schönheit ihrer Kunst. Die Totendiagramme waren symbolische Darstellung des Weges ins Jenseits. Es gab nur 3 Exemplare hiervon, sie waren unglaublich wertvoll. Sie bestanden aus farbigen Linien, die sich verzweigten, überkreuzten und ineinanderschlangen.

Die symbolische Zwischenstadien des Weges ins Jenseits waren markiert: „Waterloo", „Baker Street" und „Regent Park". Geheimnis-

volle seltsame Namen, düster aus fernen Jahrtausenden herüberklingend. Ven-Tana triumphierte, sein Emotionsgenerator strahlte in hellem Rot.

Dies war die letzte Bestätigung für seine Theorie, dass die mysteriösen „Fahrpläne", welche sie überall in den Tempeln gefunden hatten, die Reise der Seelen ins Jenseits symbolisierten. Auch in den „Fahrplänen" hatten sie diese Bezeichnungen gefunden. Die komplizierten Zahlenkolonnen der „Fahrpläne" waren also den verschiedenen Stationen zugeordnet, nach einem okkulten System der Sternenkonstellationen, dem sie erst langsam auf den Grund kamen.

Sein Konkurrent Der Meister der 7 Bücher Mat-Gege behauptete, diese Fahrpläne seien Dichtwerke in einer längst verschollenen Sprache. Seit 17 Umdrehungen arbeitete er bereits an einer Übersetzung. An der Wissensschmiede von Ko-Laa gab es einen Großmeister, der vermutete, es handele sich dabei um eine Liste der Gott-Könige Londonias, und ein Schüler Gen-Tols glaubte, dass es sich um die Anweisungen zur Mumifizierung in der verschlüsselten Geheimsprache der Priesterschaft des Shakes-Peare handelte.

Unsinnig!

„Machen Sie weiter, Kel-Tana. M möge mir dir sein"

Alle hielten ihm ihre vier Hände entgegen, als Zeichen der Ehrerbietung, und Ven-Tana schwebte weiter hinunter in die unendlichen Gänge.

Es erfasste ihn immer ein leiser Schauer, wenn er sich hinab in diese Katakomben begab.

Es waren die Grabschächte des mysteriösen Gottes U-Ban.

Welche düsteren Begräbniszeremonien mochten sich hier einst vor Jahrtausenden abgespielt haben. Im Fackelscheine hatten sie hier in den Schächten dem Totengott ihre Opfer dargebracht. Abertausende von Skeletten hatten sie hier gefunden. Die Mumifizierung war nur den höheren Ständen vorbehalten, mit den stählernen Begräbniswägen hatten sie die Leichen herangeschafft und hier begraben.

Den Leichen waren oft rituelle Grabbeigaben mitgegeben worden, meist Steinspeere, Gasmasken und Jod-Tabletten. Der Sinn dieser Beigaben war noch ungeklärt, die Gasmasken waren wahrscheinlich Zeremomialmasken des Totengottes, die Jodtabletten sollten den Körper symbolisch reinigen, die Steinspeere waren Grabbeigaben, um sich den Weg ins Jenseits frei zu kämpfen.

Teilweise hatten die Bestatteten noch gelebt, das ließ sich an der Gen-Rekonstruktion nachweisen. Sie wurden also lebendig dort begraben. Es war ein grausames Volk gewesen, diese Londonianer, mit fremdartigen Sitten und Gebräuchen.

Die Schule der 5 Siegel behauptete, dass die Tunnel keine Grabschächte, sondern Kriegsfestungen gewesen seien. Bei den großen metallenen Begräbniswägen handele es sich um Panzerfahrzeuge, die in den unterirdischen Schächten die Truppen unter den Linien der Feinden hindurch in das Reich der Vorstadt-Barone gebracht hätten.

Absurd, auf der nächsten Reinkarnations-Feier würde er in seiner Rede diese aberwitzigen Theorien widerlegen!

Es gab in der Tat noch viele ungelöste Rätsel um das Volk der Londonianer. Wie hatten sie mit ihren primitiven Mitteln, ohne jede Technologie, diese endlosen Schächte in den Fels gegraben? Wie hatten sie mit ihren primitiven Fertigkeiten diese riesenhaften Tempelbauten errichtet?

Er betrachtete sich die Totenhalle.

Die unterirdischen Heiligtümer besaßen eine düstere Schönheit. Dies war der Tempel „Baker Street“, ein relativ gut erhaltener Bau der Späten Periode.

Die Mumie des Fürsten Baker war natürlich längst verschwunden, auch einen Sarkophag hatten sie nicht finden können. In allen unterirdischen Tempeln waren die Sarkophage längst geraubt worden.

Die Schule der 5 Siegel behauptete sogar, es hätte hier unten gar keine Sarkophage gegeben, man hätte die Leichen in den stählernen Begräbniswägen verbrannt.

Absurd!

Er schwebte weiter. Vor ihm war ein weiteres Team dabei, ein Artefakt zu rekonstruieren. Es war beinahe völlig zerstört und vom Rost zerfressen, doch vielleicht gelang es ihnen, die „Heilige Maschine", wie sie sie nannten, zu rekonstruieren.

Nach seiner Theorie war dies eine Art Orakelmaschine gewesen.

Der Automat stellte kleine Kärtchen her, auf denen die Priester anhand komplizierten Berechnungen der Sternenkonstellation den Plan für die Fahrt in das Jenseits festgehalten hatten.

Doch der komplizierte Mechanismus im Innern der Maschine war merkwürdig.

Kurz vor seinem Untergang tat das Volk der Londonianer plötzlich einen völlig unerklärlichen Kultursprung. Ein Volk, das Steinspeere benutzte, entwickelte auf einmal solche komplexen maschinellen Systeme wie die „Heiligen Maschinen". Seltsam.

Der Leiter San-Ara begrüßte ihn ehrerbietig, indem er dreimal vor ihm ausspuckte.

„Möge M mit dir sein. Wie geht es voran mit der Arbeit, San-Ara?"

„Gut, ehrwürdiger Ven-Tana. Wir haben Teile des Automaten mit dem Molekularsequenzer neu aufbauen können. Hier, die Aufschrift „Fahrkartenautomat" konnten wir rekonstruieren. Doch etwas ist merkwürdig. Manchmal scheint es beinahe –„

„Ja?"

„Als ob das Volk der Londonianer Elektrizität gekannt hätte."

„Was? Blödsinn."

„Die Automaten lassen sich nicht anders erklären. Eine rein mechanische Apparatur könnte niemals-"

„San-Ara, die Elektrizitäts-Hypothese ist längst widerlegt. Ich bin erstaunt, dass Sie solch merkwürdigen Theorien anhängen. Vielleicht

sollten Sie der Schule der 7 Pforten beitreten, die hätten sicherlich Interesse an Ihren absurden Theorien!“

Er schwebte grußlos davon.

Sein Gleichgültigkeitsgenerator war angesprungen und pumpte beruhigende Stimulanzien in seine Blutbahn. Seine zwei Herzen beruhigten sich allmählich.

Dieser San-Ara war ihm schon länger unangenehm aufgefallen, er würde ihn vielleicht beim Gesinnungsrat melden.

Wie er den rekonstruierten Begräbniswagen vor sich erblickte, beruhigte er sich langsam wieder. Welch düstere Schönheit besaß die Kunst der Londonianer!

Auf den Doppelgleisen stand er wie das düstere Bild der Vergänglichkeit, an seiner Front prangte sein Name „U 7“, der siebte Wagen des Totengottes. Im Inneren hatten sie die Sarkophage zu den Begräbnistempeln transportiert, die doppelten Schiebetüren symbolisierten den Übertritt ins Totenreich.

Er würde den Geheimnissen dieses verschollenen Volkes weiter auf den Grund gehen. Er würde das Rätsel um die seltsamen riesenhaften stählernen Nachbauten von Vögel lösen, welche die Seelen der Verstorbenen ins Totenreich hinüberfliegen sollten und die angeblich sogar theoretisch flugfähig gewesen sein sollten.

Er würde herausfinden, wozu die geheimnisvollen silbernen Scheiben der „CDs“ dienten, die sie zu Tausenden gefunden hatten. Und er würde eine Übersetzung des Hauptwerks der klassischen Periode der Dichtkunst der Londonianer herstellen, des gigantischen Epos „Jahresbilanz 2038“.

Er, Ven-Tana, würde das Rätsel der Londonianer lösen.

Das Geheimnis der „Cart Ruts“

SOUNDTRACK: *„Cheri Cheri Lady“ von Modern Talking*

Ich stapfe mit meiner schweren Taucherflasche unbeholfen die Stufen zum Meer hinab. Direkt vor mir, am Hafenufer von Birzebbuga führen die „Cart Ruts“ im Meer. Ich hätte mir ein stimmungsvolleres Ambiente für diesen Tauchgang gewünscht, direkt hinter mir ist eine Hafenbar, zwei ältere Malteser sitzen auf einer Bank unweit und beobachten mit unbewegter Miene, wie ich unbeholfen Richtung Meer stapfe. Aus einem Autoradio läuft laut ausgerechnet Modern Talking als „Soundtrack“ zu meiner Exkursion.

Ich versuche, mich nicht abzulenken zu lassen und steige ins eiskalte Meer. Ich betrachte die „Cart Ruts“ direkt unter meinen Füßen.

Führen sie uns vielleicht zu weiteren Ruinen unter dem Meer?

Welche Art Transportsystem wurde hier einstmals vor Jahrtausenden verwendet? Weshalb gab es solch riesige „Rangierbahnhöfe“, auf welchen sich die Linien kreuzen, miteinander verschmelzen, sich voneinander lösen?

Was wurde hier einstmals transportiert? Und von wem?

Der erste Tauchgang ist allerdings mehr als ernüchternd.

Die Spuren verschwinden schnell im bewachsenen Meeresgrund. Dort, wo der Bewuchs weniger dicht ist, merkt man, wie verwittert der Boden ist, die Spuren verlieren sich im Nichts, und man findet auch weiter weg vom Ufer keine weiteren Anzeichen der „Cart Ruts“. Ganz so einfach würde es also nicht werden, dies hatte ich von Anfang an befürchtet.

Beim Auftauchen muss ich wegen des Wellengangs mit meiner schweren Ausrüstung auf allen Vieren das schlüpfrige Meeresufer emporkriechen und gerate dabei mitten in das Strandpicknick einer erstaunlich wohlbeleibten maltesischen Familie, die mich verächtlich betrachtet.

Auf meiner ganzen Suche nach den „Cart Ruts“ scheint ein Fluch zu liegen.

Das Wetter auf Malta im Frühjahr ist, zu meiner Überraschung, ähnlich blendend wie in Deutschland, grauer Himmel, Dauernieselregen und ein kalter Wind.

Die ganze Zauberinsel verwandelt sich plötzlich in einen öden, trostlosen Ort. Die Malteser kleiden sich, sobald die Temperatur unter 20 Grad fällt, als wäre der sibirische Winter angebrochen, Daunenjacken, Fellmützen und Regenjacken geben den Strandpromenaden den Charme eines nordkoreanischen Arbeitslagers.

Dennoch lasse ich mich nicht verdrießen.

Führen diese Spuren tatsächlich bis in Tiefen von über 40 Metern und wären dadurch ein eindeutiger Hinweis, dass diese Spuren möglicherweise älter als 10.000 Jahren wären? Und wo enden sie?

Bei 12 Grad und Dauerregen sich in den nasskalten Neoporenanzug zu zwängen, ist kein reines Vergnügen, auch ist der Meeresboden vor Malta sehr verwittert und oft von dichtem Seegras bewachsen. Die spannendste Entdeckung bei den ersten Tauchgängen ist ein Autowrack einen Kilometer vor der Küste (wie ist das nur dort hingekommen?) und die Erkenntnis, dass selbst das Mittelmeer im März eisig kalt sein kann.

„No, I don’t know nothing about your fucking cart ruts! Get out.“ Der glatzköpfige, dickbäuchige Besitzer des Tauchshops schaut mich grimmig an, obwohl ich noch gar kein einziges Wort gesagt habe.

Ich trete etwas missmutig den Rückzug an.

Erich von Däniken wird von den Bewohnern Nazcas in Peru tief verehrt, weil er durch seine Forschungen über die mysteriösen Nazca-Linien diesem abgelegenen Nest zu Weltberühmtheit verholfen hat. Ich selbst scheine bei den Maltesern deutlich weniger gut anzukommen.

Neben meinen eigenen Tauchgängen habe ich nämlich versucht, jeden, der einmal eine Tauchflasche auf Malta auf dem Rücken hatte, nach tieferen „Cart Ruts“ zu befragen, und spätestens nach dem dritten Bier hat beinahe jeder schon einmal diese Spuren in mindestens 40 Metern Tiefe auf dem Meeresgrund gefunden. Dieses jedoch nachzuprüfen, gestaltet sich bedeutend schwieriger.

Inzwischen habe ich dadurch eine gewisse traurige Berühmtheit in der Tauchszene Maltas erlangt, ich bin der „crazy guy from Germany with his fucking ‚Cart Ruts‘“, „der bekloppte Deutsche mit seinen bescheuerten Cart Ruts“.

50% der Tauchguides sind auf Malta anscheinend unglaublich dicke, 1,90 Meter große, breitflächig tätowierte Engländer, die mich beim Betreten des Shops grimmig betrachten und sagen „Sorry, no ‚Cart Ruts‘“.

Dieser Hartnäckigkeit zum Trotze konnten mir selbst erfahrene Taucher, die mehrere tausend Tauchgänge vor Malta gemacht haben, keine eindeutigen Positionen von tieferen „Cart Ruts“ auf dem Meeresgrund nennen.

Malta ist ein echtes Tauchparadies, es wird nach immer neuen Tauchspots gesucht, also wurden viele Bereiche des Meeresbodens zumindest oberflächlich gesichtet.

Die bekannten, spektakulären Exemplare, welche direkt in das Meer führen, sind eher unergiebig, sie enden nach wenigen Metern im ganz flachen Wasser, und der Meeresboden ist so verwittert, dass ein Verfolgen unmöglich ist.

Dann, als ich das Auffinden von „Cart Ruts“ schon beinahe aufgegeben habe, will mir Casey einige riesige kreisrunde Löcher zeigen, welche vielleicht interessant für unsere Untersuchungen sein könnten.

Wir tauchen hinab, mein Enthusiasmus ist heute sehr gebremst, auch eine Darmverstimmung übelster Sorte trägt nicht zu meiner guten Laune bei.

Abb. 37: Die Cart Ruts auf dem Meeresgrund vor Malta. (Bildquelle: Thorsten Morawietz/Raymond Casey)

Abb. 38: Sie ähneln in ihrer Spurbreite denen an Land. (Bildquelle: Thorsten Morawietz/Raymond Casey)

Abb. 39: In bis zu 14 Metern Tiefe konnten wir solche Spuren finden. (Bildquelle: Thorsten Morawietz/Raymond Casey)

Abb. 40: Die „Monster Cart Ruts“ mit einer Spurbreite von bis zu 6 Metern. (Bildquelle: Thorsten Morawietz/Raymond Casey)

Plötzlich tauchen unter uns „Cart Ruts“ auf!

Ich kann es kaum glauben, schnurgerade verlaufen sie auf dem Meeresgrund, kreuzen einander, ein unterseeischer „Rangierbahnhof“.

Diese sind von der Breite her sehr ähnlich denen an Land und verlaufen in einer Tiefe von ca. 14 Metern. Merkwürdigerweise sind diese tiefer eingegraben als die an Land, teilweise über einen Meter tief.

In direkter Nähe befinden sich mehrere kreisrunde Löcher auf dem Meeresgrund, circa 6 Meter breit. Mein erster Gedanke: Die Überreste von technologischen Einrichtungen, Tankanlagen oder Ähnlichem? Bombenkrater aus der Vorzeit? Die Säulenfundamente von riesigen titanischen Bauwerken?

Die seltsamen kreisrunden Löcher sind eindeutig künstlich, solche nahezu perfekt kreisförmigen Strukturen können kaum natürlich sein.

FILMLINK: Die „Cart Ruts" auf dem Meeresgrund.

Hier sehen Sie einige Filme über die unterseeischen „Cart Ruts“.

https://youtu.be/KNNz4mkuQjo

In tieferen Gebieten von mehr als 14 Metern Tiefe habe ich nur „Monster-Cart-Ruts“ finden können. So nenne ich Rillenpaare, die bedeutend größer sind als jene an Land, mit einer Spurbreite von 5 oder 6 Metern und einer Tiefe der Rillen von oft mehr als einem Meter, die bereits Graham Hancock in seinem phantastischen Buch „Underworld“ beschrieben hat. (6)

Abb. 41: Kreisrunde Löcher auf dem Meeresgrund, uralte Säulenfundamente? (Bildquelle: Thorsten Morawietz)

Die Gebiete, in denen sich diese Riesenrillen finden lassen, lagen vor 10.000 Jahren ungefähr im Uferbereich der damaligen Insel, es könnte sich also hierbei um Überreste eines Entladungssystems von prähistorischen Schiffen handeln, ein vorsintflutliches Hafen-Schienen-System.

Hier wurden möglicherweise riesige Lasten abgeladen, welche dann in den höher gelegenen Gebieten auf kleinere Transporteinheiten verteilt wurden.

Während ich durch diese bizarre Landschaft hindurchtauche, ersteht vor meinem inneren Auge die Anlage, wie sie vielleicht einmal vor Tausenden von Jahren ausgesehen hat. Die zyklopischen Felsen von Gebel gol-bahar und Belt fil-bahar waren vielleicht einstmals die Fundamente von gewaltigen Bauwerken, vielleicht die Reste einer gigantischen Hafenanlage, in welcher Schiffe ent- und beladen wurden.

In den „Monster-Cart-Ruts“ verlaufen in meiner Phantasie metallene Schienen, welche eine Levitations-Maschinerie betreiben, so dass die Lasten, wie von Geisterhand bewegt, über die Hafenanlage schweben. In den höher gelegenen Gebieten werden die Güter dann in einer Art Umladestation auf kleinere Transporteinheiten verteilt und von dort aus auf die ganze Insel geliefert.

Die Hinweise verdichten sich so immer mehr, dass vielleicht mit dem traditionellen Bild der Vergangenheit etwas nicht stimmen kann.

Möglicherweise taucht hinter dem Bild der vergangenen Jahrtausende, welche von Rotten von in Fellen gekleideten, primitiven Urmenschen bewohnt sein sollten, eine andere Wirklichkeit auf. Vielleicht herrschten damals die „Götter“ in ihren prächtigen, erleuchteten Himmelsburgen mitten unter den Sterblichen, und vielleicht sind die unerklärlichen Ruinen überall auf der Welt noch Relikte dieses vergessenen Reiches.

Das Rätsel Sri Lanka

SOUNDTRACK: *„Come Tenderness" von Lisa Gerrard*

Das Meer ist schlammig, und die Sicht beträgt kaum einen Meter. Aus dem trüben Blau taucht eine fremdartige Gestalt auf. Vor ihrem Gesicht ist eine Art Atemmaske befestigt, ein Schlauch windet sich daraus hervor. Seit Jahrhunderten muss sie sich unter Wasser befinden, von Tang und Seegras überwachsen, durchdämmert sie die Jahrhunderte auf dem Meeresgrund.

Beim Näherkommen entpuppt sich dieser „Astronautengott" jedoch als eine versunkene Statue von Ganesha, dem indischen Elefantengott. In rätselhafter Schönheit erhebt er sich vor mir, ein verlorener Gott der Tiefe, ein vergessener Herrscher ohne Königreich.

Ich sehe Unterwasser-Filmaufnahmen der Ruinen des Tempels der tausend Säulen auf Sri Lanka.

Arthur C. Clarke, der berühmte Science-Fiction Autor, entdeckte höchstpersönlich bei einem seiner Tauchgänge dieses Gebiet auf dem Meeresgrund, das er für die Überreste des Tempels von Koneswaram hielt. (8)

Als ich Bilder dieses Geländes sehe, beschleunigt sich mein Puls. Die Ähnlichkeit zu dem Gelände Gebel gol-bahar ist unverkennbar.

Teilweise sind dies eindeutig die Reste eines hinduistischen Tempels, daran besteht kein Zweifel, doch je tiefer man kommt, desto gewaltiger und archaischer wird die Architektur.

Handelt es sich auch hier um Spuren dieses einstigen, vergessenen Königreiches?

Ich glaube, dass diese Ruinen teilweise weit älter sind, sich in tieferen Gebieten fortsetzen und, ebenso wie die von uns erforschte Gelände auf Malta, Relikte einer längst untergegangenen Hochkultur sind. Diese Gebäude wurden dann später möglicherweise als Tempelbauten genutzt, ihr Ursprung ist jedoch weit älter und dunkler.

Es gibt nämlich in Sri Lanka immer wieder Gerüchte über gigantische unterseeische Gemäuer, urzeitliche riesige Bauwerke, mit titanischen Monolithen und zyklopischen Mauern. Die Fischer erzählen mir immer wieder vor Ort von solchen versunkenen Anlagen.

Auch wenn nicht alle dieser Berichte mir glaubwürdig erscheinen (manch einer erzählt mir wohl einfach, was ich zu hören wünsche), so weist doch die Vielzahl der Berichte und die Ähnlichkeiten in den Schilderungen auf einen wahren Kern hin. Auch in der Taucherszene Sri Lankas kursieren solche Gerüchte, ich habe inzwischen eine Vielzahl an Hinweisen bekommen, denen ich gerne nachforschen würde.

Abb. 42: Ein Schauspieler als Ravana im indischen Theater Ramlila. (Bildquelle: google.de)

Der Tempel Koneswaram, zu dessen Fuße sich die Ruinen auf dem Meeresgrund befinden sollen, liegt an einer landschaftlich absolut einmaligen markanten Stelle, hoch auf einem Felsen über dem

Meer gelegen. Es gibt eine klaffende Schlucht in der Nähe, welche „Ravanas Spalte“ genannt wird und welche der Legende nach durch einen Schwerthieb von Ravana erzeugt wurde.

Vielleicht liegt hierin mehr Wahrheit, als man auf den ersten Blick denken könnte. Vor Tausenden von Jahren lag dieser markante Punkt deutlich weiter über dem Meeresspiegel als heute, jetzt liegen weite Teile der einstigen Himmelsburg auf dem Meeresgrund.

Auch über andere Stellen gibt es Berichte und Gerüchte über künstliche Strukturen, welche von der traditionellen Wissenschaft nicht erklärt werden können. Man berichtet von titanischen Monolithen, Quadern und Überresten von riesigen Gebäuden in bis zu 30 Metern Tiefe, die an unsere Funde auf Malta erinnern und welche, aufgrund des Anstiegs des Meeresspiegels in den letzten 10.000 Jahren, geradezu unglaublich alt sein müssten.

Könnten auch dies die Ruinen einer hochtechnologischen Zivilisation sein?

Ein weiteres Rätsel Sri Lankas ist „Ramas Brücke“. Die Landbrücke zwischen Indien und Sri Lanka ist heute noch aus der Luft sichtbar. Sie verläuft von der Südostküste des indischen Bundesstaats Tamil Nadu zur Insel Mannar vor der Westküste Sri Lankas.

Angeblich war sie noch bis ins 15. Jahrhundert hin zu Fuß begehbar, ehe die Reste der Landbrücke in einem furchtbaren Sturm versanken.

Sie ist den Singhalesen derart heilig, dass der Versuch, diese seichte Stelle im Meer für größere Schiffe passierbar zu machen, immer wieder am Widerstand orthodoxer Hindus scheiterte. Bis heute müssen alle Schiffe den riesigen Umweg östlich um Sri Lanka herum nehmen.

Die Schilderungen des „Ramayana“ lassen darauf schließen, dass zumindest Teile von „Ramas Brücke“ mit künstlichen Mitteln errichtet wurden.

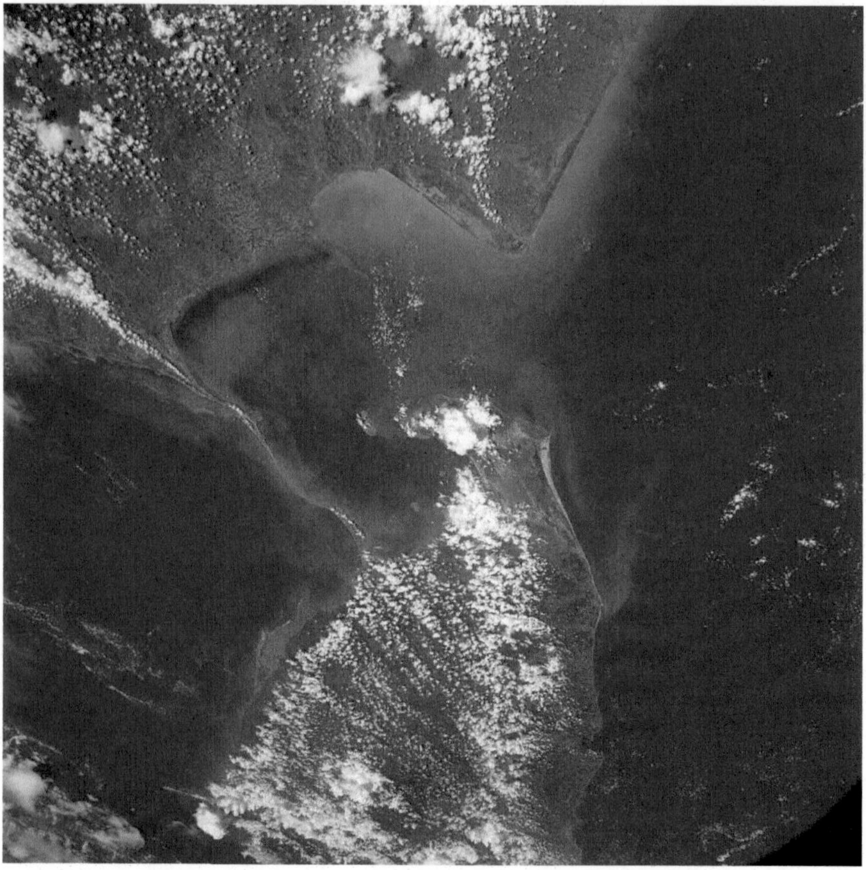

Abb. 43: „Ramas Brücke“ zwischen Indien und Sri Lanka. (Bildquelle: National Aeronautics & Space Administration)

Gerade in den Partien, welche sich auf Sri Lanka beziehen, wimmelt es nur so von Beschreibungen von missverstandener Technologie.

Zuerst wird der Affengeneral Hanuman als Erkundungstrupp nach Sri Lanka vorausgeschickt.

Als Hanuman zu seiner Reise aufbricht, wirkt dies wie die poetisch überhöhte Schilderung eines Raketenstartes mit seinen Feuerstößen aus den Triebwerken:

„Um ihn wuchsen liebliche Lilien in blass rosa, rot, weiß und blau, und die Farben verschiedenster Metalle liehen ein Licht wie von unterschiedlichen Ornamenten."

Dann startet er:

„Er verstummte und sprang mit gesammelten Kräften von der Bergeshöhe, während von seinen gewaltigen Gliedern zermalmte und entwurzelte Felsen ihm nachfolgten. Der Schatten seiner riesigen Gestalt breitete sich auf dem Ozean aus, und er flog wie ein Schiff im Sturm davon, wenn die starke Brise die Segel erfüllt. Während der Vanar seinen Kurs beibehielt, schwoll und wütete das Meer unter ihm."

Dies wirkt wie die Schilderung der Fahrt eines Düsenflugzeuges über das aufgepeitschte Meer oder vielleicht auch eine Art Luftkissenboot.

Auf Hanumans Flug nach Sri Lanka tauchen immer wieder Inseln aus dem Meere auf, auf welchen Hanuman zwischenlandet. Wird hier wirklich ein Berg beschrieben oder doch nicht eher eine metallene Auftankstation?

„Da stand er mit seinem stolzen Gipfel hochaufgerichtet und strahlte so hell wie hundert Sonnen. Sein Rücken und die Klippen aus poliertem Gold spiegelten sich in den ihn umspülenden Fluten."

Als Hanuman sich fliegend in die Lüfte erhebt, wird dies so beschrieben:

„Hülle deine Gestalt in eine schreckliche Rakshasa Form, so groß wie ein Berg. Lass deine roten Augen im Zorn erglühen und deinen Körper so groß wie der Himmel anwachsen."

Ist dies wirklich eine poetische Beschreibung oder nicht vielmehr eine Schilderung, wie er ein prähistorisches Fluggerät besteigt?

Ist Hanuman noch nach Lanka geflogen, bedarf die gesamte Armee doch eines anderen Weges, und so wird eine Ponton-Brücke gebaut, über welche Kriegsmaschinen laut brüllend fahren:

„So wurde die große Brücke von wunderbarer Stärke gebaut, dreihundert Meilen lang. Felsen so riesig wie Herbstwolken wurden vom Strand geworfen und mit Seilen festgebunden, auch Teile von all den gespaltenen Bergen und Bäume, die immer noch mit Blüten geschmückt waren. Wild war der Tumult und laut das Getöse, wenn massige Felsen zusammendonnerten.

Bevor die Sonne unterging wuchs die Brücke um dreißig und vier Meilen an, so mühte sich jede Truppe. Die Anstrengungen des zweiten Tages brachten sechzig Meilen mehr an fertigem Weg. Und am fünften Tag, als die Sonne sank, da war die ganze phantastische Arbeit getan.

Dahinter folgten die Vanar Heere in endloser Marschreihe. Manche überflogen die Oberfläche der Wellen, manche nahmen ihren Weg durch die höheren Lüfte. In ihrem unaufhörlichen Gebrüll ging die furchtbare Stimme des Ozeans unter, als sie über die von Nala geplante Brücke an Lankas Strand hasteten."

Dies wirkt wie eine prähistorische Schilderung der Invasion in der Normandie, laut tönende Fluggeräte und rollende Kriegsmaschinen.

Ich glaube, dass man an den im Meer versunkenen Felsen von „Ramas Brücke" noch Spuren von technologischen Einrichtungen finden kann, die Fundamente von Tankanlagen, Startrampen und Ähnlichem.

Auch hier haben wir mit Tauchern und Fischern vor Ort gesprochen. Allerdings gestaltete sich dies oft etwas schwierig.

Für gläubige Hindus ist es überhaupt keine Frage, dass diese Landbrücke einst mit künstlichen Mitteln von göttlichen Wesen erschaffen wurde. Sie gilt den Hindus als ein heiliger Ort, weswegen Nachforschungen dort kaum unternommen wurden.

Dort wollen wir tauchen und diese Felsen genau absuchen, ob sich Spuren von technologischen Relikten finden lassen.

Auch die merkwürdige Felsenfestung Sigiryia, welche sich steil mit senkrechten Wänden aus der Ebene erhebt, wirkt wie das Relikt einer Hochzivilisation.

Hier wollen wir ebenso nach Spuren von technologischen Überbleibseln suchen.

Vielleicht gelingt es uns, die prächtigen Paläste auf dem Meeresgrund aufzufinden und ein klein wenig den Schleier des Geheimnisses zu lüften. Wenn Sie mehr über dieses Projekt erfahren möchten, oder über die Ergebnisse unserer Expedition auf Malta: www.dasversunkenekoenigreich.de

Wird hier im „Ramayana" der vorzeitliche Krieg zweier Heere geschildert, welche sich „übermenschlicher" Technik bedienten, und wurde aus einer fernen Erinnerung an diese unerhörten Begebnisse die Legende um den Kampf des Prinzen Rama und des Gigantenkönigs Ravana geformt?

Sind diese ganzen Schilderungen die Erinnerung an prähistorische Schlachten, bei welchen panzerähnliche Kriegsgeräte und fremdartige, feuerspeiende Maschinen aufeinanderprallten?

Welch ein Entsetzen müsste ein solch düsteres Schauspiel in den urzeitlichen Menschen erweckt haben, solch ein Grauen, dass es noch Jahrhunderte später in den Schilderungen von Titanenkriegen nachhallte. Und sind viele unserer Mythen, Sagen und Heldenepen die Erinnerung an solche vergessenen Schlachten der Vergangenheit?

Die Pforten des Himmels

SOUNDTRACK: *„Koyaanisqatsi" von Philip Glass*

Als die Polizei am 26. März 1997 das Haus in Rancho Santa Fe betrat, bot sich ihnen ein bizarrer Anblick.

39 Leichen, alle Mitglieder der Sekte Heaven's Gate, lagen ordentlich mit einem roten Tuch zugedeckt in Etagenbetten, in einheitlicher schwarzer Uniform und einem Armband mit der Aufschrift „Heaven's Gate Away Team", „Heaven's Gate Außenteam".

Jeder der Leichen trug nagelneue Turnschuhe und exakt 5,75 Dollar in den Taschen. Einige der männlichen Leichen waren seltsamerweise kastriert, die Geschlechtsorgane waren komplett entfernt. Sie hatten alle ähnliche Frisuren, merkwürdig geschlechtslos und uniform.

Ein jeder von ihnen schien freiwillig aus dem Leben geschieden zu sein.

Der Massenselbstmord der Sekte Heaven's Gate kam weltweit in die Schlagzeilen. Die ganze Welt blickte schockiert auf dieses furchtbare, unerklärliche Geschehen.

Der seltsame Untergang dieses bizarren Selbstmordkultes, dieser absonderlichen Weltuntergangs-Sekte, die in eine gespenstische Tragödie mündete, vermag uns vielleicht ein wenig die Gefahren einer Beschäftigung mit der Grenzwissenschaft vor Augen führen, auf welche Irrwege einen die Beschäftigung mit Themen jenseits des Normalen führen kann.

Sie zeigt uns eine weit seltsamere Geschichte, als man sie sich auszudenken vermöchte, voller Abgründe der menschlichen Seele, um „Außerirdische", um göttliche Wesen, um Ufos, die den Weltuntergang ankündigen und um Propheten des Armageddon.

Der Weg, der zu dieser Katastrophe führte, begann schon viele Jahre vorher.

Marshall Applewhite war ein Kirchenmusiker aus einer tief religiösen Familie. 1970 wurde er aus „Gesundheitsproblemen emotionaler Natur“ entlassen, die Ursache dürfte seine damals verfemte Homosexualität gewesen sein. Marshall Applewhite kam danach in eine psychiatrische Anstalt.

Möglicherweise weil er glaubte, Stimmen zu hören, möglicherweise wegen Depressionen, vielleicht auch, um sich von seiner Homosexualität heilen zu lassen. Marshall Applewhite schämte sich auch seines religiösen Hintergrundes wegen zutiefst seiner homosexuellen Neigungen, diese Ablehnung der Sexualität sollte später noch furchtbare Konsequenzen haben.

Dort in der psychiatrischen Anstalt lernte er die Krankenschwester Bonnie Lu Nettles kennen, die Frau, welche für sein Leben und für das der Mitglieder ihres späteren Kultes so entscheidend werden sollte. Diese Begegnung sollte das Leben vieler Menschen auf das Furchtbarste verändern und in eine der seltsamsten Tragödien der Geschichte münden.

Es war eine schicksalshafte unheilvolle Verbindung. Beide interessierten sich für Esoterik, Astrologie, Ufo-Thematiken und glaubten, sich bereits aus einem früheren Leben zu kennen. Sie befruchteten sich wohl gegenseitig auf eine merkwürdige, befremdliche Art.

Die Sexualitätsfeindlichkeit von Marshall Applewhite gemeinsam mit den Erfahrungen von Bonnie Lu Nettles mit Scientology und der Mormonenkirche ergaben eine gefährliche Mischung.

Beide verließen ihre Familien und Kinder, um gemeinsam eine Sekte zu gründen. Unter seltsamen Namen wie „Bo“ und „Peep“ wurden die beiden rasch populär und sammelten Jünger um sich.

Zuerst waren sie eine eher typische UFO-Sekte unter dem Namen „Human Individual Metamorphosis“, eine Art Science-Fiction-Religion:

Die Endzeit der Welt war ihrer Lehre nach angebrochen, nur einige Auserwählte würden gemeinsam mit ihnen das Armageddon überstehen und auf die „Nächste Ebene“ gelangen. Diese Ebene bestand aus technologisch weit überlegenen Außerirdischen, welche mit ihren Raumschiffen das All durchkreuzten.

Wie eine Raupe sich in einen Schmetterling verwandelt, so würde der menschliche Leib der Jünger sich an Bord des Ufos in den höherstufigen Körper eines Ufo-Fahrers, eines Ufonauten verwandeln.

Dieser Weltuntergang wurde für das Jahr 1976 erwartet. Ein riesiges Raumschiff sollte die Jünger abholen, wenn die Welt in einer gewaltigen Katastrophe untergehen würde. Um mit Marshall Applewhite und Bonnie Lu Nettles an Bord des Ufos zu gelangen und den neuen Körper in der nächsten Ebene zu erlangen, musste man zuvor alle Abhängigkeiten hinter sich lassen, Familie, Vergangenheit, Gefühle, besonders die Sexualität wurde von ihnen abgelehnt.

Alle Mitglieder wurden völlig von ihrem Umfeld isoliert, auch die beiden Sektengründer verließen Partner und Kinder, um sich ganz ihrer heiligen Mission hinzugeben.

Die beiden bekamen dann dasselbe Problem, wie alle Weltuntergangs-Propheten seit Anbeginn der Zeit: Das Datum des vermeintlichen Weltendes verstrich, und die Welt weigerte sich, unterzugehen.

Welche eine seltsam bitter-süße Enttäuschung muss dies damals gewesen sein, als sie langsam begriffen, dass kein UFO sie abholen würde, dass kein Armageddon bevorstand, dass die Erde sich weiter drehen würde, so wie sie es schon so oft, allen Verkündern des Unterganges zum Trotz, getan hatte.

Ihre Gemeinschaft geriet in eine tiefe Krise, denn nur die Angst vor einer gewaltigen Katastrophe vermag eine solche Bruderschaft zusammenzuhalten.

Immer mehr Anhänger verließen enttäuscht die beiden, ihr Ruhm und ihr Ansehen verfiel. Dies ist die tiefste Verzweiflung jedes Messias seit Anbeginn der Zeiten, wenn die Jünger beginnen, an der Göttlichkeit zu zweifeln ...

Als die Apokalypse ausblieb, zog sich die Sekte noch radikaler von der Welt zurück. In dieser Abgeschiedenheit entwickelten diese beiden irrsinnigen Propheten eine neue, noch bedeutend seltsamere Lehre.

Ihren nun hier kurz dargelegten bizarren, äußert verschlungenen und verwirrenden Gedankengängen, die sie in den nächsten Jahren entwickelten, zu folgen, ist schwierig, aber auf eine überaus dunkle Art faszinierend.

Es gibt neben unserer Realität auf einer höheren Frequenz die tatsächliche Wirklichkeit, die „Nächste Ebene". Hier leben ethisch perfekte Ufonauten in der Nähe des Planeten Pluto auf gewaltigen Raumschiffen. In der Welt dieser Höheren Wesen sind 1000 Erdenjahre nur ein einziger Tag.

Die „Members", die Bewohner dieser höheren Welt sind unsterblich, geschlechtslos und den Menschen an Intellekt und Ethik weit überlegen.

Es gibt einen „Chief of Chiefs", den Kommandanten, der Oberste der Ufonauten, den Gott der Götter, dem alle anderen untergeordnet sind.

Sexualität und Fortpflanzung gibt es bei diesen Wesen nicht. Um neue Ufonauten, Bewohner dieser höheren Welt, zu erschaffen, werden darum „Aufzuchtgärten" geschaffen, in welchen neue Seelen gezüchtet werden. Eine dieser Anlagen ist die Erde.

Der „Chief of Chiefs" hat unseren Planeten mit allen seinen Bewohnern zu diesem Zweck geschaffen, sie ist eine Zucht- und Erziehungsstation für die heranreifenden Ufonauten-Seelen. Zu diesem Zweck wurden auch die anderen Menschen geschaffen.

Die frisch geschaffenen Ufonauten-Seelen werden in menschliche Körper, in „Behälter", wie sie bei Heaven's Gate genannt werden, hinein gepflanzt, weil sie zu ihrer Entwicklung und Wachstum ein solches kosmisches Treibhaus benötigen.

Diese Behälter sind wohlgemerkt nicht nur der Körper, sondern auch der Verstand mit seinen Erinnerungen, Gefühlen und Überzeugungen.

Nur die wenigen „Behälter" in die der Master Chief ein „Deposit", einen Samen, hineingelegt hat, verfügen über eine Seele. Der Rest der Menschheit hingegen (also alle anderen, zum Beispiel Sie und ich) sind nur seelenlose Automaten, Simulationen, geschaffen, um die Ausbildung der Ufonauten zu komplettieren, quasi Übungsobjekte, Projektionen. Die ganze Welt wurde von ihnen als „Holodeck" bezeichnet, sie ist nur eine gigantische Zuchteinrichtung.

Zur besseren Ausbildung dieser Seelen betrat auch das „Jüngere Mitglied" (quasi der Assistent) des „Chief of Chiefs" die Erde, im Körper von Marshall Applewhite. Zum Zeitpunkt seines Aufenthaltes in der psychiatrischen Anstalt wurde diese Seele der höheren Ebene in seinen menschlichen Leib gepflanzt, und diese Wesenheit musste sich nun langsam darüber klar werden, dass sie ein höheres Wesen war und die Erinnerungen und Gefühle des „Behälters" überwinden, ja sogar in ihrer Terminologie „abtreiben". Das vorherige Leben von Marshall Applewhite war gar nicht sein wahres Leben, sondern nur eine Illusion. Sein wahres Ich war ein überlegenes Wesen aus einer höheren Welt.

Seine menschlichen Kinder waren gar nicht seine Kinder, seine Erinnerungen nicht seine Erinnerung, sondern nur die seines „Behälters".

Hierbei war Marshall Applewhite dann auch die Kastrations-Operation in seiner etwas merkwürdigen Vorstellung dienlich, um die Triebe des „Behälters" zu überwinden, denn als höheres Wesen war er ja eigentlich geschlechtslos.

Doch ein einziges Menschenleben reichte nicht zur Ausbildung der werdenden Ufonauten, es gab bereits in früheren Jahrtausenden „Klassen". Die Seelen der Mitglieder von Heaven's Gate waren bereits vorher in der Ausbildung und wurden quasi in die „Abschlussklasse" versetzt. Marshall Applewhite hatte diese in seiner Vorstellung als

Moses, Buddha und Jesus Christus vorher geleitet, die Schüler wurden alle paar tausend Jahre wiedergeboren.

Das Finale der gigantischen Schulung, und damit auch das Ende der Welt, stand kurz bevor, da die Welt ja nur zum Zwecke der Ausbildung bestand und danach entsorgt und recycelt werden würde.

Bei diesem letzten Stadium betrat auch der Masterchief höchstpersönlich die Erde, um dieses schwierige Vorhaben zum Abschluss zu bringen, der Gott des Alten Testaments, der Höchste der Höchste, Oberste der Oberen, in Gestalt der Krankenschwester Bonnie Lu Nettles.

Es war ein äußerst bizarres Gedankengebäude, das sie da entwickelten. Die beiden waren wahrlich ein seltsames Paar, mangelndes Selbstbewusstsein konnte man ihnen in der Tat nicht vorwerfen.

Die Erde mit all ihren Milliarden Menschen war also in der Vorstellung von Heaven's Gate nichts weiter als eine riesige Simulation zur Zucht neuer Ufonauten-Seelen, die gesamte Weltgeschichte war quasi nur ein Nebenprodukt dieses Ausbildungsprogrammes.

Welche absonderlichen Gespräche werden zwischen den zweien über all die Jahre stattgefunden haben, in welchen sie sich langsam darüber „klar wurden", dass sie beide göttliche Wesen waren, dass die Welt eine gigantische Simulation ist und von ihnen geschaffen wurde, Gespräche, in denen sie sich gegenseitig in ihren krankhaften Wahnvorstellungen bestärkten.

Sowohl Marshall Applewhite selbst als auch einige seiner „Jünger" dürften wohl vielleicht an zumindest leichten Formen der Schizophrenie gelitten haben

Schizophrene sehen Zusammenhänge, wo es gar keine gibt, sie konstruieren sich die Wirklichkeit radikal anders als der Rest der Welt. Allerdings: Dieses könnte man quasi allen Religionsstiftern und ihren Jüngern attestieren. Wenn man, wie ich, nicht an die Göttlichkeit von Jesus Christus glaubt, könnte man auch bei der historischen Person von Jesus krankhafte Züge vermuten.

Die Existenz der gesamten Erde würde also alsbald erfüllt sein, die Erde würde recycelt werden, um dann als Rohmaterial für ein neues Garten-Projekt mit neuen Behältern verwendet zu werden. Nur wenige würden gerettet werden.

Nun galt es, die anderen Ufonauten-Seelen auf der Erde zu finden, die sich noch nicht bewusst sind, dass sie höhere Wesen sind, da der Verstand ihres „Behälters“ noch alles überlagert.

Zu diesem Zweck werden also nun Vorträge über ihre Theorien veranstaltet.

Gewisse Schlüsselformulierungen auf den Plakaten und Ankündigungen sollen ein „Erweckungs-Programm“ in den Kandidaten starten. So finden diese Seelen, die sich ja schon aus früheren Leben kennen, ihre beiden Meister.

Welch ein merkwürdiges Gefühl muss das für die kommenden Jünger gewesen sein, in einer solchen Veranstaltung zu sitzen. Die beiden sprechen von jenen Themen, für welche man sich schon immer interessiert hat: Ufos, Wiedergeburt, Weltende. Man fühlt sich angezogen von dem Vortrag und der charismatischen Person dieses kastrierten Predigers, man erlag dem verzauberten Charme dieses Messias des Weltuntergangs.

Menschen, die sich für das Thema Ufos, Reinkarnation, das Ende der Welt, Esoterik und Ähnliches interessierten und die wahrscheinlich eine gewisse psychische Labilität aufwiesen, wurden hier als Jünger rekrutiert.

Wenn man nach dem Vortrag vielleicht noch einige Fragen stellen will, hat das Spiel wahrscheinlich begonnen. Man wird liebevoll empfangen, es wird wissend gelächelt. Es werden Andeutungen gemacht, man wird eingeladen, wiederzukommen, man habe noch einige Dinge zu sagen.

Langsam, Stück für Stück, wenn der Kandidat sich als beeinflussbar genug erwiesen hat, wird einem dann die „Wahrheit“ offenbart: Man ist ein höheres Wesen, nicht von dieser Welt, das erst langsam dabei ist, zu erwachen, sich seiner Göttlichkeit bewusst zu werden, kurz davor, die Nächste Ebene des Seins zu erreichen.

Man kennt sich schon aus früheren Leben, aus der Klasse von Jesus Christus, man hat davor gemeinsam mit ihm, Buddha, die Prinzipien des Kosmos studiert, man hat gemeinsam mit Moses das Rote Meer durchquert.

Man wird liebevoll gefragt: Fängt man denn nicht langsam an, sich zu erinnern? Dass man ein höheres Wesen ist, auserwählt, besonders, unsterblich, (beinahe) allen anderen Wesen unendlich überlegen?

Ich kann mir gut vorstellen, welche eine seltsame, wunderliche Anziehung dieser Gedanke auf die Menschen gehabt hat: Man war nicht einer dieser gewöhnlichen Erdenwesen, nein, man war auserwählt, besonders, man war quasi ein Gott.

Wer kennt nicht dieses Gefühl, ein Fremder zu sein, nicht zu dieser Welt zu gehören? Wer kennt nicht den Wunsch, etwas Besonderes zu sein, auserwählt, einzigartig? Wer quält sich nicht mit der eigenen Gewöhnlichkeit, mit dem eigenen Mittelmaß, mit der schalen Ödnis dieser Welt?

Menschen, die an der Welt leiden (und wer tut das nicht manchmal), bekommen auf einmal einen Schlüssel in die Hand gedrückt, der Türen zu scheinbar goldenen neuen Welten öffnet.

Menschen, die Schwierigkeiten mit ihrer Sexualität haben, bekommen auf einmal eine geradezu unglaubliche Erklärung und Lösung hierfür angeboten.

Man fühlt sich endlich angenommen, verstanden, unter seinesgleichen. Wie im Märchen war man plötzlich das Kind von Königen, ein Wunderreich an neuen Horizonten tat sich auf.

All die Mächtigen, Weisen und Schönen dieser Welt sind auf einmal erniedrigt zu Schattenwesen.

Man wusste um ein Geheimnis, von dem all die anderen um einen her nichts ahnten.

Die gesamte Weltgeschichte war nicht als ein Irrtum, man als Einziger war wissend und auserwählt. Wenn man heute die Videos von Marshall Applewhites Predigten sieht, spürt man noch immer ein wenig den abgründigen Zauber dieses fanatischen, verbrecherischen Charakters.

Man muss alles aufgeben, doch man bekommt auch so unendlich viel dafür: Das Gefühl ein höheres Wesen zu sein, das tiefe Geheimnis dieser Welt zu kennen, welches die anderen armen Existenzen nicht einmal ahnen.

Man betritt eine geheime Welt hinter dem Schleier des Geheimnisses. Dann geschah etwas, welches die weitere Entwicklung dieses seltsamen Kultes noch weiter radikalisieren sollte: Bonnie Lu Nettles bekam unheilbar Krebs.

Doch dies war ja, nach ihrem Verständnis, kein Grund zur Trauer, es war ja nur das Behältnis, das starb. Sie durften den Schmerz nicht empfinden, es war ja nur ein Abschied auf kurze Zeit. Sie konnten keinen Zweifel an ihren absonderlichen Theorien zulassen, sie waren schon zu weit gegangen.

Werden die beiden auf ihrem Totenbett den ketzerischen Gedanken gehabt haben, ob ihre Philosophie des Wahnsinns nicht vielleicht doch unsinnig ist?

Der Tod besiegt alles, auch Götter und Ufonauten.

Bonnie Lu Nettles, die Höchste der Höchsten, starb also. Welch ein bitterer Moment wird dies für Marshall Applewhite gewesen sein.

Plötzlich musste er allein die Verantwortung für das gesamte Universum tragen.

Ein Messias kann nie wieder den Weg zurück in die Normalität finden. Was sollte er machen? Zugeben, dass er sich geirrt hatte?

Dass die jahrzehntelange Entsagung, das Loslösen von der Familie, die Kastration, dass all dies vergebens gewesen war?

Nein, er musste noch radikaler werden, noch unerbittlicher.

Welche Angst Marshall Applewhite empfunden haben muss, als immer mehr Anhänger ihn verließen, lässt sich deutlich daran erkennen, dass er die Mitglieder von Heaven's Gate alsbald in Zweiergruppen aufteilte, welche einander gegenseitig zu überwachen hatten, dass er jeglichen Kontakt zu der Welt immer mehr einschränkte. Und überall in der Villa der Sekte waren Überwachungseinrichtungen installiert.

Es musste eine neue Stufe her, ein neues Ziel, eine neue Vision. Irgendetwas musste geschehen, ehe der Glaube seiner Jünger völlig zerfiel.

Ich kann mir vorstellen, wie Marshall Applewhite sich immer weiter in seine eigenen Gedankenlabyrinthe verstrickte, wie ihm die Anhänger allmählich immer mehr abhandenkamen und vielleicht auch seine eigenen Überzeugungen!

Wie sollte es weitergehen? Welche weitere Katastrophe konnte er ankündigen? Wie seine Macht weiter festigen?

Dann geschah etwas, dass ihm als rettender Ausweg aus seiner Situation erschienen sein muss. Der riesige Komet Hale-Bopp wurde entdeckt, welcher durch das Sonnensystem raste.

Ein Amateurastronom veröffentlichte ein Foto, auf welchem manche im Schweif des Kometen ein riesiges Raumschiff entdeckt zu haben glaubten. Dieses Objekt wurde später als ein Fixstern identifiziert, aber für Marshall Applewhite war dies endlich das Zeichen, auf das er gewartet hatte.

Bereits seit Urzeiten waren Kometen die düsteren Omen von Unheil, Zeichen für Wendungen des Schicksals.

Das Ende der Welt, es war soweit! Und das Objekt im Schweif des Kometen war das Raumschiff, das sie endlich abholen sollte.

Was für Jesus die Kreuzigung war, war für Marshall Applewhite die Ankunft des Kometen Hale-Bopp.

Wie froh war er im Innern, einen Ausweg aus seinem furchtbaren Dilemma gefunden zu haben.

Welche Mischung aus tiefster Verzweiflung und bittersüßer Ekstase, den Entschluss zu fassen, die Erde mittels Selbstmord zu verlassen und dies nicht allein, sondern er war bereit, alle anderen Anhänger „mitzunehmen“, also zum Selbstmord zu manipulieren. Sie mussten ihre irdischen „Behälter“ verlassen, um an Bord des Raumschiffs in den Körpern von Ufonauten wieder zu erwachen.

Eine Entwicklung über Jahrzehnte hinweg mündete in eine Irrsinnstat: Der Massenselbstmord als letzte Möglichkeit, den Glauben an die eigene Göttlichkeit zu erhalten.

Die Besuche der Sektenmitglieder bei ihren Angehörigen, die immer seltener wurden, müssen ein gespenstisches Erlebnis für alle Beteiligten gewesen sein.

Diese seltsame Distanz, diese unbeteiligte Kühle.

Die Eltern, die einen einst geliebt hatten und aufgezogen haben, waren ja gar nicht real. Sie waren ganz im Gegenteil Trugbilder, die es zu überwinden galt, um in das Reich des Jenseits einzugehen

Die Gefühle der Liebe, die man ja dennoch empfand, waren ja nur eine Chimäre, man musste sich diese verbieten, um rein genug zu sein für das Königreich des Himmels.

Welch eine schmerzliche Herablassung dürften die Eltern, Ex-Partner und Kinder empfunden haben, da man von den Jüngern ja nicht einmal mehr als existierendes Wesen angesehen wurde.

Es gibt wenige Zeugnisse vom tatsächlichen inneren Geschehen der Sekte der damaligen Zeit, wohingegen ihre Lehren in ihrer Website, welche seltsamerweise heute noch online ist (heavensgate.com), klar vor Augen liegen.

Es ist faszinierend, dort noch heute die seltsamen Texte zu lesen, in denen sie ihre Weltsicht und die bevorstehende „Abreise" ankündigen, ohne jede Scheu, ohne jeden Versuch ihre Absichten zu bemänteln.

Wie bizarr, dass sie hier ganz deutlich und klar von ihrem bevorstehenden Massenselbstmord reden, ohne dass einer es vorher recht bemerkt hätte.

Allerdings sprechen sie dieses in ihrer seltsamen Terminologie aus, derart verklausuliert, dass man es mit unserem normalen Weltbild kaum verstehen kann. Sie sprechen sich sogar explizit gegen Selbstmord aus, denn nach ihrem eigenen Verständnis begreifen sie den ihren ja nur als ein Verlassen des „Behälters", um aufzusteigen als Außenteam in das gigantische Raumschiff.

Welche Vorwürfe dürften die Angehörigen sich gemacht haben, nicht vorher gesehen zu haben, worauf dieser entsetzliche Kult herauslief. Vor ihrem gemeinsamen Tod nahmen die Mitglieder noch einige Videos auf, es ist gespenstisch, sich diese Abschiedsbotschaften des „Außenteams" kurz vor ihrer „Abreise" zu betrachten.

Sie wirken absolut glücklich, ein wenig aufgeregt, wie vor Antritt einer schönen Reise, und genau dies stand in ihrer Vorstellung ja auch bevor. In ruhiger, fröhlicher Gelassenheit sprechen sie ihre Abschiedsworte, der kalifornische Sonnenschein, die im Hintergrund sich wiegenden Bäume, all dies lässt es wie eine mörderische Idylle wirken.

Wobei man sich hier fragt: Von wem verabschieden sie sich eigentlich? Uns alle, die wir nicht die höheren Wesen sind, gibt es ja gar nicht, wir sind quasi nur Projektionen auf einem Holodeck.

Vor wem rechtfertigen sie sich?

Welch irrsinnige Anziehung Applewhite auf seine Anhänger hatte, sieht man daran, dass es wohl noch heute Überlebende gibt, welche wohl bewusst „zurückgelassen" wurden, um die Welt über die Weltsicht von Heaven's Gate zu informieren und die, nach eigener Auskunft, auf die Rückkehr der anderen warten. Die Website, die heute noch genau auf dem Stand des Tages des Massenselbstmordes ist, wird jetzt noch von ihnen betreut.

Psychische Manipulation, Gehirnwäsche sind genauso tödliche Waffen wie Pistolen oder Gift. Marshall Applewhite hat seine Anhänger ermordet mit seinem Gedankengebäude, mit seinen wirren Theorien. Wobei, Religionen überall auf der Welt machen seit Jahrtausenden oft ganz ähnliches.

Es muss ein seltsamer Tag gewesen sein, der Tag der „Abreise". Man sollte also die Körper verlassen und das Raumschiff betreten, dort sollten dann auch Marshall Applewhite und Bonnie Lu Nettles wieder vereint werden.

Beinahe könnte man ein wenig neidisch werden bei dem Gedanken, welch ein Glücksgefühl, welch eine Ekstase dieser Augenblick für die Jünger und Applewhite bedeutet haben muss.

Die Zeit der Prüfungen, der Ausbildung war endlich vorbei, und man trat ein in das Königreich der Himmel. Man verlässt diese niedere Ebene und tritt ein durch das Heaven's Gate, durch die Pforte des Himmels.

Ich stelle mir vor, wie sich die Mitglieder des Kultes freundlich und freudig gestimmt voneinander verabschieden, ehe sie die tödlichen Medikamente einnahmen.

Sie glaubten ja, nur auf eine kurze Zeit voneinander getrennt zu sein, um sich danach in der wahren Ebene des Seins wiederzusehen. Sie nahmen die Medikamente ein, Phenobarbital vermischt mit Apfelmus und legten sich friedlich auf ihre Betten.

Warum sie neue Turnschuhe trugen ist unklar, doch die 5 Dollar 75 in den Taschen, waren wohl quasi die „Leihgebühr" für ihren Körper, welchen sie nach Gebrauch ordnungsgemäß und in sauberem Zustand zurückgaben.

Bei der Obduktion stellte sich heraus, dass der Massenselbstmord in drei verschiedenen Phasen im Abstand von verschiedenen Tagen stattgefunden hatte.

Es ist ein merkwürdiger Gedanke, dass einige der Mitglieder des „Außenteams“ noch tagelang in der Villa neben den Leichen ihrer Kameraden wohnten. Keiner weiß, was damals dort genau geschah. Gab es Diskussionen, Zweifel, Konflikte? Kamen ihnen nach dem Tod der ersten Gruppe doch noch Zweifel, ob sie das Richtige tun? Doch zur Umkehr war es lange schon zu spät.

Zumindest kann man Marshall Applewhite nicht vorwerfen, dass er seine eigenen Lehren nicht ernst genommen hätte. Er war unter den Leichen und hatte auch an sich selbst die Kastrationsoperation vornehmen lassen.

So nahm dieser gespenstische Kult sein Ende.

Hier bei der Weltuntergangs-Sekte Heaven's Gate wird ein Problem deutlich, welches auch die Beschäftigung mit solchen Themen wie sie in diesem Buch behandelt werden oder bei der Prä-Astronautik, New Age und Esoterik etc. mit sich bringt.

Man läuft die Gefahr, sich als einzig wissend, als auserwählt zu betrachten, man blickt herab auf die „Unwissenden“, welche von der tiefen Wahrheit nichts ahnen. Man erkennt Zusammenhänge, die die anderen Unwissenden nicht zu sehen imstande sind, man glaubt im alleinigen Besitz der Wahrheit zu sein.

Je mehr Ablehnung einem vielleicht entgegen schlägt, desto mehr verfestigt sich die eigene Überzeugung, man wird verstockt, man beharrt störrisch auf seiner Position.

Ich denke, man sollte immer, und vor allem in Bezug auf Grenzwissenschaft, sich selber nicht allzu ernst zu nehmen und jedem misstrauen, welcher zu unerbittlich in seinen Überzeugungen ist. Man sollte aufpassen, sich nicht zu sehr zu verrennen, für andere Argumente offenbleiben und sich immer bewusst sein, dass man selbst vielleicht derjenige ist, der in die Irre geht.

Angriff der Götter

SOUNDTRACK: *„Der Ritt der Walküren“ von Richard Wagner*

Ein Feuervogel stürzt herab aus den Himmeln. Der Zorn der Götter bricht mit Flammen und Donnergrollen über die Sterblichen herein. Schreiend und wimmernd laufen sie davon, doch ein stählerner Lindwurm versperrt ihnen den Weg, auf seinen tausend Füßen schreitet er donnernd daher.

Auf den Donnerwolken reitet der Gott der Vernichtung heran. Blumen aus Feuer ersprießen mitten unter den Flüchtenden, mit der Kraft von tausend Sonnen.

Das Heer der stählernen Dämonen mit ihren Gesichtern aus Eisen fällt her über sie, mit Feuerschlangen schlagen sie die Ungläubigen.

Wie würde ein primitiver Mensch, der keine Kenntnis von moderner Technik hat, von Hubschrauberpropellern, von Granatwerfern, von Panzerfahrzeugen und Bombenexplosionen, einen Angriff mit hochentwickelter Kriegstechnik schildern?

Er hat gar keine Begriffe für die fremdartigen Dinge und Vorgänge und muss sich vertrauter Bilder und Metaphern bedienen, um das Unbegreifbare zu beschreiben, das Unnennbare zu nennen.

Die Hubschrauber mit ihrem Lärm und Wind würde er beispielsweise vielleicht so beschreiben: „Vögel aus Eisen nahten sich, sie ritten auf dem Sturmwind und brachten mit sich den Donner.“ Durch die Glasfenster im Cockpit kann man die Piloten mit ihren glitzernden Helmen, Atemmasken und den blinkenden Armaturen erblickten: „Auf ihnen ritten die Götter, um ihr Haupt loderte ein Feuer, sie saßen auf einem Thron von tausend Diamanten.“

Dann werden Bomben abgeworfen: „Mit Blitz und Donner straften sie die Sterblichen, die Erde tat sich auf, und ein Feuer brach hervor.“

Wie würden sie den Anblick einer erleuchten Militäranlage hinter einem Schutzzaun mit Wachtürmen und Suchscheinwerfern beschreiben?

„Die Burg der Himmlischen lag hinter einer Mauer aus Licht, von Engeln mit Flammenschwertern bewacht, ihr Feueratem suchte und vernichtete alles, was sich ihnen nahte."

Wir würden Sie ein Panzerfahrzeug beschreiben? „Ein stählerner Wurm kroch fauchend auf tausend Füßen, sein Atem war der Tod, sein Antlitz war aus Feuer."

Die Mythen der Menschheit wimmeln nur von solchen Bildern. Sind die Ähnlichkeiten mit den Sagen und Legenden der Völker wirklich ein Zufall?

Der primitive Mensch kann Geschehnisse nur mit den Worten schildern, die ihm bekannt sind, nur aus seinem Erkenntnis- und Wissenshorizont heraus. Er hat keine Worte für technologische Dinge wie Rakete, Mündungsfeuer usw., und muss diese in Bilder kleiden, welche ihm vertraut sind.

Hier haben wir einmal in zwei Spalten gegenübergestellt, wie ein primitiver Mensch der Urzeit ohne jede technologischen Kenntnisse und ein moderner Mensch dasselbe Begebnis schildern würde.

Ein Hubschrauber näherte sich.	Der Himmel tat sich auf, und eine Erscheinung Gottes kam über mich.
Der Helikopter landete, der Lärm der Rotoren war ohrenbetäubend.	Ein Vogel aus Eisen stürzte sich aus den Himmeln, er brachte den Sturmwind mit sich.
Die Besatzung stieg aus.	Himmlische Gestalten traten hervor.
Sie trugen einen Schutzhelm aus durchsichtigem Glas.	Ihr Haupt war umweht vom Glanz des Himmlischen.

Einer der Besatzung sprach in ein Funkgerät.	Einer der Seraphim sprach mit der Stimme des Donners.
Die Eingeborenen näherten sich langsam dem Hubschrauber.	Wir näherten uns langsam den himmlischen Gestalten.
Ein Warnschuss aus einer Pistole wurde abgefeuert, das Mündungsfeuer blitzte.	Blumen aus Feuer brachen hervor, und die Kraft des Donners wurde entfesselt.
Sie wählten einen der Primitiven als Versuchsobjekt aus.	Einer der Unsrigen ward erwählet von den Himmlischen.
Sie packten ihn und brachten ihn an Bord des Hubschraubers.	Er wurde entrückt und in die Himmel emporgehoben.

Die gleiche kurze Geschichte, einmal aus der Sicht eines Primitiven und einmal aus der eines modernen Menschen. Aus der Landung eines Hubschraubers wird eine Erscheinung Gottes. Und dieses notgedrungen, die primitiven Menschen haben ja keine anderen Begriffe und Denkmodelle hierfür.

So heute völlig abgeschieden lebende Völker in Kontakt mit moderner Technologie kommen, im Amazonasgebiet beispielsweise oder die Sentinelesen in Thailand, so schildern sie die Begegnungen mit der modernen Zivilisation exakt mit solchen Formulierungen.

Welch ein Schock muss es für die Bewohner des Regenwaldes sein, wenn ein Bagger mit Getöse aus dem Unterholz bricht, wenn sie auf einmal mit Funkgeräten, Schusswaffen und Computerbildschirmen konfrontiert werden.

Versuchen wir einmal, andere altertümliche Texte in dieser Manier zu übersetzen.

Wenn in uralten ägyptischen Texten beispielsweise zu lesen ist:

„Der Himmel donnert für mich, die Erde schüttelt sich.

Eine Treppe zum Himmel ist für mich aufgestellt, damit ich zum Himmel aufsteigen kann und ich stieg hoch auf dem Rauch des großen Gefäßes. Ich fliege hoch wie ein Vogel auf dem Thron deiner Barke, o Re. Und ich darf auf deinem Platz sitzen und donnere über den Himmel, ich darf in deiner Barke vom Land abheben

Die Tore des Himmels sind offen für dich, die Tore des Firmaments sind offen für dich."

Übersetzt könnte dies lauten:

„Die Gangway ist für mich aufgestellt, damit wir starten können, und wir erhoben uns auf den Strahlen der Raketentriebwerke. Bald erreichen wir die normale Reiseflughöhe, und ich darf auf dem Platz des Co-Piloten Platz nehmen."

Im Alten Testament steht über die heilige Bundeslade:

„Und wenn Mose in das Offenbarungszelt ging, um mit ihm (= Jahwe) zu reden, hörte er die Stimme, die zu ihm sprach von der Stelle über der Versöhnungsplatte her, welche auf der Lade des Zeugnisses liegt, von der Stelle zwischen den beiden Cherubim; und er redete zu ihm." (10)

Übersetzt könnte es vielleicht heißen: „ Und wenn Mose ins Offenbarungszelt ging, um mit dem Kommandanten zu reden, ertönte seine Stimme aus dem Funkgerät und so sprachen sie miteinander."

Wenn man das gesamte Alte Testament mit diesem Augen liest, so handelt es sich stellenweise eher um eine spannende Geschichte, wie die Israeliten in einem groß angelegten ethnologischen Experiment von einem irrsinnigen Kommandanten mit technologischen Kenntnissen durch die Wüste getrieben wurden.

In Melanesien geschah in den 40er Jahren exakt eine solche „Vergötterung" von moderner Technik, bei dem sogenannten Cargo-Kult. Amerikanische Truppen landeten in der abgelegenen Region, die Stämme sahen die Flugzeuge und Helikopter aus der Ferne. Immer wieder wurden Waren („Cargo") abgeworfen, Konservendosen, Zelte, Kleidung und andere moderne Gegenstände. Die indigenen

Völker konnten dies nicht begreifen und verstanden diese als göttliche Geschenke.

Die Truppen zogen ab, und als man nach Jahren zurückkehrte, hatte sich ein bizarrer Kult entwickelt: Die Eingeborenen verehrten Flugzeuge aus Stroh, man trug aus Holz geschnitzte Kopfhörer, um mit den himmlischen Wesen in Kontakt zu kommen. Man hatte Landebahnen in den Dschungel geschlagen, um so die Rückkehr der himmlischen Wesen zu ermöglichen.

Hier fand also exakt dieses statt, was sich möglicherweise schon einmal in ferner Vergangenheit abgespielt hat.

Wir leben in einer Zeit, welcher ähnlich dramatische Umwälzungen bevorstehen, wie sie damals in grauer Vorzeit stattfanden. In 10.000 Jahren spätestens wird wohl, zum großen Teil durch die Menschen selbst verschuldet, New York beispielsweise auf dem Grund des Meeres versunken sein. Ich stelle mir vor, wie Taucher einmal in einer fernen Zukunft durch die Ruinen tauchen, die klobigen Überreste der Fundamente der einstigen Wolkenkratzer entdecken und diese für die Überreste von einstigen „Tempelbauten“ halten werden.

Götter von den Sternen im alten Indien

SOUNDTRACK: *„Mountains of India" von Derek Fiechter*

Ein Tempelgelände im südindischen Bundesstaat Kerala. Eine phantastisch kostümierte Gestalt mit riesigem Kopfputz tanzt inmitten der gläubigen Menge. Schweiß läuft in breiten Bahnen über sein verzerrtes Gesicht, der Tänzer scheint in Trance, die Menge folgt jeder seiner fremdartigen Bewegungen mit atemlosem Staunen, obschon auch hier manchmal durch profanes Handyklingeln unterbrochen.

Schon seit Stunden findet hier das das merkwürdige Schauspiel des Bali Teyyam statt. Auch dieses uralte Ritual-Theater greift das „Ramayana" und seine rätselvollen Gestalten von Affengenerälen, fliegenden Dämonen und halbmenschlichen Gestalten auf.

Wenn sich einem die Gestalt mit ihrem blutroten Aufbau über dem grotesk geschminkten Gesicht nähert, durchfährt einen unwillkürlich ein Schauer des absolut Fremdartigen. Selbst als aufgeklärter Europäer glaubt man ein wenig, tatsächlich einer lebendigen Gottheit gegenüberzustehen, fremd und unerreichbar. Die gigantischen, bizarr fremdartigen Kostüme mit ihren riesigen Aufbauten erinnern unweigerlich an Anklänge von Raumanzügen und technischen Apparaturen.

Über Stunden hinweg wurde auf den nun endlich folgenden Höhepunkt hingearbeitet, mit Prozessionen und seltsamen Gesängen, es riecht nach Schweiß, Müll und Räucherstäbchen. In einem immer wilder werdenden Göttertanz verwandelt sich der Darsteller, von Priestern mit heiligem Reis beworfen, dem Volksglauben nach, selbst in eine Gottheit (Teyyam), welche aus den Himmeln herniedersteigt und sich in dem Sterblichen verkörpert.

Dieses wird durch eine mehrstündige Prozedur, Rezitieren von heiligen Versen, Anrufungen der Götter, Feuertänze, und vor allem durch das Anlegen des bis zu 40 Kilo schweren Kostüms, der aufwändigen Schminke (und auch durch das Trinken von alkoholischen

Getränken!) vorbereitet, bis endlich der Gott selbst von dem Darsteller Besitz ergreift.

Abb. 44: Ein Teyyam-Darsteller in Fort Cochin, Südindien. (Bildquelle: AJP/ shutterstock.com)

Die einzige Toilette, die ich auffinden kann, ist eine geschlossene, verfallene Tankstelle, an der hunderte Inder seelenruhig an die verfallenen Zapfsäulen urinieren. Ich widerstehe 5 Minuten lang und suche weiter, doch schließlich entleere ich mich auch selig an die Tankanlage. Es erfährt ja keiner.

Ich gestehe es, nach kaum drei weiteren Stunden des Spektakels mache ich schlapp und krieche zurück ins klimatisierte Hotel. Als ich am Abend zurückkehre, ist das Schauspiel noch im vollen Gange

Am Ende der bis zu 8-stündigen Aufführung, welche den Träger des irrsinnigen Kostüms an seine physischen und psychischen Grenzen führt, besitzt der Hauptdarsteller, Kolakarran genannt, „der

Mann, der die Form einer Gottheit annimmt", jetzt selbst übernatürliche, hellseherische Kräfte.

Mit dieser unirdischen Macht ausgestattet, steht er nun in all seiner fremden Pracht vor uns Sterblichen. Bei seinem Anblick kann man sich vorstellen, wie sich unsere Vorfahren beim Anblick von fremdartigen Wesen in unförmigen Anzügen gefühlt haben.

Dies alles wirkt wie das ferne Echo einer Erinnerung, wie einst Götter herab zu den Menschen stiegen, wie man ihnen huldigte und wie die Masse von den fremden Besuchern belehrt und unterwiesen wurde.

Auch die Darsteller des indischen Kathakali-Theaters erinnern in ihren phantastischen Kostümen an Besucher aus fremden Welten. Interessanterweise sprechen diese Darsteller nicht auf der Bühne, sondern stellen den Text vermittels einer komplizierten Zeichensprache durch Handgesten und Körperhaltungen dar, welcher von Sängern simultan „übersetzt" wird. Ist dies eine Erinnerung an die komplizierte Kommunikation mit den fremden Wesen?

Im asiatischen Theater wird kaum über das gesprochene Wort kommuniziert, sondern über ein kompliziertes „Handalphabet", ähnlich der Taubstummensprache.

Wie kam man einst auf die Idee, statt der so viel einfacheren Kommunikation mit Wörtern eine solch komplizierte Verständigungsform zu entwickeln?

Abb. 45: Ein Darsteller im Kathakali-Theater. (Bildquelle: shutterstock.com)

Abb. 46: Hier ein Beispiel des komplizierten Hand- und Körperzeichenalphabets im indischen Kathakali-Theater. Diese Geste bedeutet „Vogel". (Bildquelle google.com)

Erinnert dies nicht etwas an das noch heutzutage gebräuchliche „Mit Händen und Füßen Reden" in fremden Ländern, wenn man einander in gegenseitiger Fremdartigkeit kaum zu verstehen vermag?

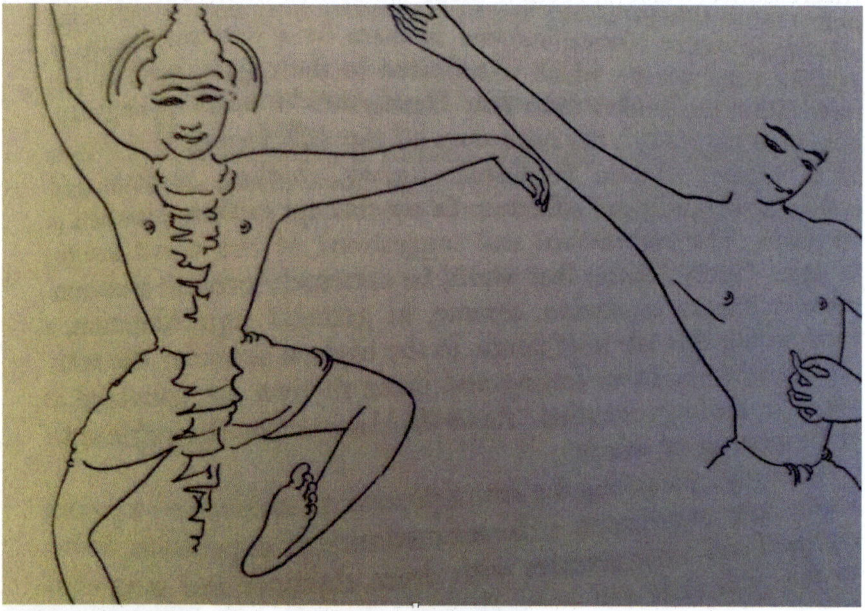

Abb. 47: Weitere Beispiele das komplizierten „Körperalphabets" des asiatischen Theaters: Die linke Geste bedeutet „Ich", die rechte „Einbildung". (Bildquelle: google.com)

Möglicherweise wurde alternativ oder ergänzend zu der verbalen Kommunikation eine Art „Handzeichenalphabet" entwickelt, um die schwierigen Gespräche mit den Fremden zu ermöglichen.

Abb. 48: Eine Prozession von Kathakali-Darstellern in Indien. (Dmytro Gilitukha/ shutterstock.com)

All dies könnte eine Erklärung für die merkwürdigen Ähnlichkeiten in der Kulturgeschichte der Menschheit sein.

Der technisch anmutende Kopfschmuck des südamerikanischen Gottes ähnelt in verblüffender Manier dem Thallapaali genannten Kopfschmuck des südindischen Ritualtheaters Theyyam. Sogar die zwei kreisförmigen Segmente neben dem Kopf sind in beiden Fällen identisch.

Abb. 49: Südamerikanischer Gott.
(Bildquelle: Alamy Stock Photo/Robert Wyatt)

Abb. 50: Das bizarre Kostüm eines Theyyam-Darstellers. (Bildquelle: AJP/shutterstock.com)

Beides sind Kopfbedeckungen von göttlichen fremden Wesen. Ist diese Ähnlichkeit die ferne Erinnerung an urzeitliche Schutzhelme?

Die Zeichnerin Prisca Ludwig hat einmal versucht, das ursprüngliche Aussehen dieses Helmes zu rekonstruieren. Die zwei kreisförmigen Apparaturen könnten Scheinwerfer oder Lautsprecher gewesen sein, vielleicht war der riesig dimensionierte Helm eine Art „Übersetzungssystem", mit welchem die Sprache der fremden Besucher simultan in die Erdensprache übersetzt wurde. Der Stutzen unterhalb des Kinns könnte ein Mikrophon oder eine Art Auslassventil für Atemluftzusätze sein.

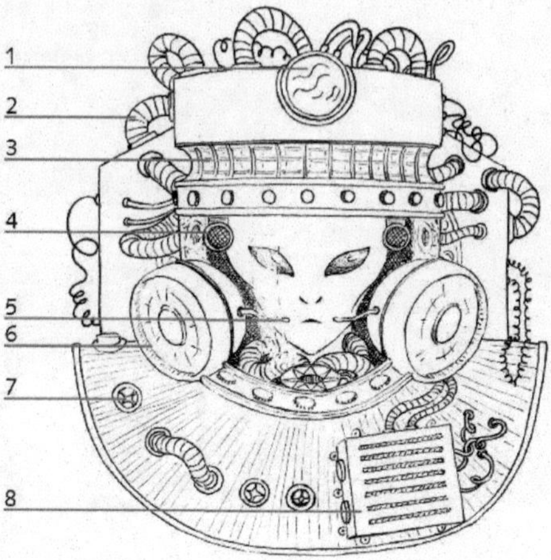

Bild 51: Sahen so die Sternenreisenden aus?
(Copyright Prisca Ludwig, www.prisca-ludwig.com)

Szenenwechsel: Ein titanisches Ungetüm wälzt sich knarrend und ächzend durch die Straßen der indischen Stadt Puri. Hunderte schwitzender und keuchender Leiber ziehen den riesigen hölzernen Tempelwagen an endlosen Tauen durch die Straßen.

Diese Titanenwagen sind 20 Tonnen schwer und bis zu 13 Stockwerke hoch, hunderttausende von Gläubigen und Besuchern drängen sich um die rollenden Kolosse herum, und jeder versucht, auch selbst einmal zumindest kurz die riesigen Wagen vorwärts zu ziehen, um so an dem Segen der Götter teilzuhaben.

Es ist unerträglich heiß und eng, die Gläubigen versuchen sich wie besessen, allen Gefahren zum Trotz, möglichst eng an die riesigen Wagen zu drängen und werden dafür, gewissermaßen zum Dank, von den Obenstehenden mit geweihtem Wasser bespritzt.

Bei jedem Drehen der Holzräder schwingt die ganze Konstruktion beängstigend hin und her, die Räder selbst schlackern, das ganze Monstrum schwangt und schlingert und hat dabei erschreckende Ähnlichkeit mit einer mühsam funktionierenden Maschinerie. All dieses ist volle Absicht bei der Konstruktion der Yatra genannten Tempelwagen, sollen sie doch das Aussehen von zu gespenstischem Leben erweckten Götterwagen haben.

Kein Wunder, dass es hier immer wieder zu Todesfällen kommt, Menschen geraten unter die riesigen Wägen oder werden von den Menschenmassen zu Tode gequetscht. Das Verwunderlichste ist jedoch, dass es angeblich auch immer wieder geschieht, dass sich Gläubige in ihrer religiösen Ekstase freiwillig von den Rädern zerquetschen lassen, da diese Todesart ihnen angeblich spirituelle Reinigung und die Erlösung von der Qual der ewigen Wiedergeburten gewährt.

Abb. 52: Die riesigen Tempelwagen bei dem Ratha Yatra.
(Bildquelle: Wikimedia, G.-U. Tolkiehn)

Jedes Jahr wird überall in Indien (und inzwischen in der ganzen Welt) dieses bizarre Fest Ratha Yatra gefeiert (welches übersetzt ungefähr „Pilgerreise der Götterwagen“ bedeutet), bei welchem in riesigen Tempelwagen die Statuen der hinduistischen Gottheit Jaganath, dem „Herr des Universums“, sowie seinen zwei „Geschwistern“ *Balabhadra* und *Subhadra,* in einer Prozession durch die Straßen von Puri gefahren werden, bestaunt von Abertausenden, ja Millionen von Gläubigen, welche diese wundersame Prozession mit rituellen Tänzen und Gebeten begleiten.

Dieses Fest soll die Erinnerung an die mythische Urzeit lebendig halten, als die Pferde, Elefanten und sogar die Berge noch Flügel hatten, ehe sie ihnen vom Gott Indra abgeschnitten wurden. Die Erinnerung also an eine Zeit, als selbst die Berge noch zu fliegen vermochten.

Die fremdartigen Statuen mit ihren starr blickenden Augen, deren Bemalung von den höchsten Priestern in einem heiligen Akt während der Puja-Zeremonie vollbracht wird, mit ihren seltsamen Proportionen und unirdischen Gesichtszügen, wirken selbst wie Besucher aus einem völlig fremdartigen Reich des Himmels.

Der genaue Ursprung dieses Festes liegt tief im Dunkeln der endlosen indischen Vergangenheit begraben, doch betrachtet man diese Prozession der schwankend rollenden Kolosse unter dem Aspekt einer vorsintflutlichen Zivilisation, so kommt man natürlich schnell auf den Gedanken, hier die Erinnerung an urzeitliche, titanische Maschinerien zu sehen.

Sind diese Götterwägen der ferne Nachhall an Kriegsgeräte, welche einstmals von den ehrfürchtig erschauernden Erdenmenschen aus der Ferne betrachtet wurden, bei dem furchtbaren Krieg der Titanen? Der Gott Ganesha beispielsweise ist in Indien ungemein populär. Auf einer winzigen Ratte reitend, stets mit einem abgebrochenen Stoßzahn abgebildet, da er diesen in Zorn auf den Mond schleuderte, der über seinen dicken Bauch gespottet hatte, ist er der Gott der Intelligenz und Weisheit.

Abb. 54: Der Gott Ganesha. (Bildquelle: google.com)

Auch bei der Betrachtung dieser kuriosen Göttergestalt fallen einem sofort merkwürdige Besonderheiten auf. Ähnelt der Elefantenrüssel nicht dem Sauerstoffschlauch einer Atemmaske? Könnten die wundersamen Gegenstände in seinen Händen nicht technische Apparaturen sein und der dickliche Elefantenleib das Überbleibsel des wuchtigen Aussehens eines Pilotenanzugs?

Abb. 55: Die Sauerstoffmaske eines Jet-Piloten. (Bildquelle: Wikimedia, JoJan)

Hat dieser „Gott“ einstmals die urzeitlichen Menschen mit den Segnungen der Technik vertraut gemacht, und lebt diese Gestalt aus diesem Grunde noch heute als Beglücker der Menschheit in ihrer Erinnerung fort?

Auch die in der Prä-Astronautik nur allzu bekannten Vimanas weisen solche Ähnlichkeiten auf. Vimanas nennt man nicht nur die Flugwägen der Götter, sondern auch eine bestimmte Tempelform in Süd-Indien. Wenn man diese fremdartigen Bauten mit ihren an technische Apparaturen gemahnenden Verzierungen einmal unter diesem Aspekt betrachtet, kommt einem unwillkürlich der Gedanke, vor zu Stein gewordenen Erinnerungen an urzeitliche titanische Apparaturen zu stehen.

Merkwürdigerweise ähneln die Tempel-Pyramiden im tausende Kilometer entfernten Mittelamerika diesen verblüffend genau.

Beinahe glaubt man noch die Architektur der altertümlichen Fluggeräte erahnen zu können: Unten die Antriebsdüsen, darüber die technischen Apparaturen und die an der Außenhülle in verschlungenen Mustern verlaufenden Leitungen, oben an der Spitze schließlich die Kommandokapsel.

Die oberste Etage symbolisiert traditionell das Himmelreich, den Wohnsitz der Götter. Konnte man dort einst an der Spitze der Himmelswagen durch Sichtfenster die Gestalten der Herrscher des Himmels erahnen?

Und wurden die fremdartigen, von den Himmeln gekommenen Maschinen in den indischen Tempelbauten in Stein nachgeschaffen, um so an der Macht der Überirdischen teilzuhaben?

In Nachahmung dieser Bauweise standen in späteren Jahrhunderten die Tempelpriester auf den Höhen der Pyramiden, mit ihrem riesigen Kopfputz, welcher den Schutzhelmen der damaligen Piloten nachgebildet war. In der steinernen Architektur formte man die Bauform der Fluggeräte nach, bis hin zu den winzigen Details: Die an der metallenen Außenhaut verlegten Kabelkanäle werden in den Verzierungen nachgeahmt, die Maschinenteile an der Hülle werden in tausend Statuen nachgebildet.

Abb. 57: Eine Erinnerung an prähistorische Flugmaschinen? Ein Vimana im Veeraraghavar Temple in Tiruvallur, Indien. (Bildquelle: Arvind Balaraman/shutterstock.com)

Abb. 57B: Die Tempel-Pyramiden in Mittelamerika. (Bildquelle: wikipedia.org/Mike Vondran)

Ein ganz ähnliches Phänomen zeigt sich bei den kuriosen Bauten im Vitthala-Tempel in Vijayanagara.

Abb. 58: Ein steinerner Tempelwagen in Hampi, Indien. (Bildquelle: Wikimedia, Apadegal)

In merkwürdiger Nachäffung wurden hier steinerne Tempel tatsächlich mit 4 Rädern nachgebaut, Reliefs zeigen den Gott Vishnu, wie er in einem prächtigen Himmelswagen aus dem Himmelreich hinabsteigt. Sind die steinernen Kolosse mit ihren völlig sinnlosen Rädern Denkmäler der einstigen rollenden Himmelswägen?

Und sind vielleicht viele unserer Überlieferungen und Mythen die ferne Erinnerung an längst verschwundene Götter?

Zwischenspiel

Der Dieb der Götter

Taruka war tief im Dschungel, er war auf der Flucht. Er traute sich nicht zurück ins Dorf.

Er hatte dem Häuptling einen ganzen Sack Bohnen gestohlen, was heißt gestohlen, er hatte es nur ausgeliehen, er wollte es ja zurückgeben, wenn die Zeiten besser werden sollten. Doch es war herausgekommen, sie hatten ihn mit Steinen beworfen, und er war davon gerannt.

Jetzt suchten sie nach ihm, und wenn sie ihn finden würden, bekäme er eine Strafe, 30 Rutenstreiche, oder er müsste an dem Ballspiel teilnehmen. Es war nicht das erste Mal, dass er Ärger bekam, ständig gab es Missverständnisse.

Als er Sumatika, die Tochter des Medizinmannes, durch die Ritzen der Badekammer beobachtet hatte, war ein Riesengeschrei veranstaltet worden, dabei war es ein reines Versehen, er hatte dort nach seinem Oheim gesucht.

Als er dem Häuptling versehentlich einen lebendigen Fisch in seine Federkrone gesteckt hatte, war dieser böse geworden. Dabei hatte es sehr lustig ausgesehen, wie er plötzlich schreiend über den Dorfplatz gerannt war.

Wenn er zurückkam, würde es mächtig Ärger geben. Doch er würde sich schon irgendwie herausreden. Das machte er immer.

Dann plötzlich hörte er es donnern in der Ferne, obschon der Himmel völlig blau war. Taruka blieb stehen und sah hinauf. Das Grollen wurde lauter und lauter.

Dann tat sich der Himmel auf. Ein Vogel aus Eisen zog über ihn, mit einem Schweif aus Feuer donnerte er heran. Taruka duckte sich, wie er mit seinem Feuerschweif über ihn hinwegflog. Er verschwand hinter den Hügeln und dann spuckte die Erde Feuer, und ein Donnern ertönte, lauter als aus tausend Männerkehlen.

Taruka fiel auf die Knie, doch er rannte nicht davon.

Er war nicht feige. Als ihm der Sohn des Medizinmannes, der einen Kopf größer war als er, immer verspottet hatte, hatte er ihm mit seiner Schleuder von hinten ins Geschlecht geschossen. Die Häuptlingstochter Sumatika hatte gelacht darüber. Sie mochte ihn ein wenig, glaubte er.

Also ging er hinterher. Das musste er sich einmal ansehen.

Er sah es schon brennen in der Ferne. Die rauchenden Trümmer eines Vimanas lagen vor ihm. Er war halb ins Erdreich gegraben, die Düsen dampften, überall zischte und brummte es.

Vimanas waren die fliegenden Wagen der Götter. Als Kind hatte Taruka die Wolkenwagen noch selbst fliegen sehen, die Überirdischen waren mit ihnen unterwegs, auf Feuerstrahlen ritten sie über den Himmel.

Sein Vater hatte noch gearbeitet für die M-Teks, er war ihnen immer auf die Nerven gegangen mit seinen stundenlangen Geschichten von den Göttern, wie sie mit ihm geredet hatten, was sie ihn alles gelehrt hatten.

Doch seit Jahren schon sah man kaum mehr welche von ihnen, die Götter waren zurückgekehrt in ihren Himmel. Ihre Festungen verfielen, ihre Paläste standen leer, sie hatten darin gespielt als Kinder, er hatte gerade letztens in der ehemaligen Kommandohalle, wo noch die alten Generatoren standen, Sumatika geküsst.

Eine Luke stand offen, sie war wohl aufgerissen worden beim Absturz.

Taruka nahm seinen Mut zusammen und stieg hinein. Drinnen war ein Raum voller Lichter. Er war noch nie in einer Flugpyramide gewesen. Leuchtende Fenster zeigten Bilder voller farbigen Linien, überall sang und summte es leise.

Alles war aus dem glänzenden Stein der Götter geformt, eckig, kantig und strahlend.

Auf einem Sitz in der Mitte saß der M-Tek. Er blutete.

Er sah ihn an und sprach etwas in seiner seltsamen Sprache. Taruka verstand ihn halbwegs. Er sagte, er solle verschwinden, er würde ihn sonst töten. Er war so freundlich, wie M-Teks meistens waren.

Sein Vater hatte ihre Sprache gesprochen, er war ihnen immer damit auf die Nerven gegangen, er hatte immer versucht, sie ihnen beizubringen.

Sein Vater hatte auf der Baustelle der steinernen Vimanas gearbeitet. Er hatte eine Zeit lang sogar einen Zauberspiegel zu Hause gehabt, durch den er mit den Göttern sprechen konnte. Es erschien dann der Kopf eines M-Teks im Inneren des Spiegels und hatte ihm Anweisungen gegeben.

Sein Vater hatte ihnen gezeigt, wie man auf die leuchtenden Fenster im Spiegel drücken konnte, und es erschienen immer neue Zeichen, die Vater ihnen zu erklären versuchte. Doch Taruka hatte immer nur halb zugehört, er ärgerte lieber die Mädchen mit seiner Steinschleuder

Der M-Tek beschimpfte ihn weiter, doch er wurde immer leiser und schwächer.

Grünes Blut lief ihm aus dem Mund. Dann war der M-Tek tot. Taruka ging vorsichtig heran und stupste ihn an der Schulter.

Taruka stand etwas ratlos vor den Lichtern und glühenden Fenstern. Ein paar der Zeichen konnte er lesen. Dann trat er vor und drückte auf einen der leuchtenden Punkte.

Drei Jahre später.

„Bist du sicher, dass es klappt?“

„Sei nicht immer so ängstlich, Taruka, es wird schon funktionieren.“

Taruka stand mit Sumatika auf der Spitze der Pyramide. Der Dschungel um sie her dampfte bis zum Horizont, in der Ferne erhoben sich die anderen Pyramiden. Unten, auf dem großen Tempelplatz stand sein Volk, die Aymara, und wartete auf sie.

Die Pyramiden waren den Vimanas nachgebildet, sie waren gewaltige Nachbauten der Götterwagen aus Stein.

Wie steinerne Berge hoben sie sich in den Himmel, die Vögel stiegen aus dem dampfenden Grün und flogen um die Spitzen.

Hier auf der Spitze der Pyramide war der edelste Tempelbezirk. So hoch oben hatte man früher immer die Götter stehen sehen, inmitten von leuchtenden Lichtern. Sumatika und Taruka standen in dem kleinen Tempelbau auf dem steinernen Plateau und bereiteten sich vor auf die Zeremonie.

Priester mit Jaguarmasken standen an den Seiten, sie trugen Schulterteile aus Knochen und hielten Kelche mit Räucherwerk.

Taruka hatte sein Gottkönig-Gewand an aus Tierknochen und Fellen, doch die gewaltige Kopfbedeckung mit den Federn war viel zu groß und wackelte ständig, und das Göttergewand hing an ihm wie ein nasser Sack.

„Ich sehe doch aus wie ein Idiot."

„Zugegeben, aber macht jetzt auch nichts mehr. Hauptsache, es funktioniert."

Sumatika dagegen sah hübsch aus in dem Gewand der M-Teks, es ließ ihre Hüften gut zur Geltung kommen.

„Die Sonne steht ganz oben, wir sollten anfangen."

„Du darfst aber nicht wieder so übertreiben."

„Was heißt übertreiben, ich bin ihr Gottkönig, da muss man schon ein wenig-"

„Wirst du wieder tanzen?"

„Das weiß ich noch nicht. Wieso?"

„Nur so."

„Wenn ich mich danach fühle, werde ich tanzen."

Er hatte eine Haupt-Zeremonie einberufen, unten vor der Tempelpyramide standen tausende seines Volkes und warteten auf ihn. Das Volk war unruhig und mürrisch, in letzter Zeit wurde alles immer schwieriger.

Zu Anfang seiner Herrschaft war alles herrlich gewesen.

Am Tag, als er das Vimana gefunden hatte, war Taruka auf den Dorfplatz gelaufen, er trug den Helm des M-Tek. Er war ihm viel zu groß, aber er sah gut aus darin, fand er. Er hatte das glänzende Gewand der Götter angezogen und schritt gravitätisch daher, so wie es die M-Teks immer getan hatten.

Alle kamen gelaufen, einige staunten ihn ehrfürchtig an, doch die meisten lachten über ihn. Vor allem die Mädchen. Sumatika blickte ihn spöttisch an, aber sie lächelte.

Der Häuptling war ihm entgegen gekommen, wutschnaubend. Jetzt würde er eine Tracht Prügel bekommen!

Taruka nahm seinen Mut zusammen und hielt den Dorje in die Höhe.

„Ich, Taruka, bin von den Göttern auserwählt. Seht, sie haben mich als ihren Diener auserwählt. Ich trage die Krone des Himmels, die gefiederte Schlange und ä- „

Er verlor etwas den Faden, das ärgerte ihn. Also zielte er auf die Dorfeiche und schoss. Seitdem war er ihr Gottkönig. Er war ein guter Herrscher, das fand er zumindest.

Er verteilte die Ernte der Reichen, er hatte eine Armenspeisung eingeführt, und er ließ eine Schule bauen.

Er hatte Sumatika zur Frau genommen, und sie war quasi sein Neben-Häuptling. Manchmal hatte er beinahe das Gefühl, dass sie der Häuptling war und er der Neben-Häuptling.

Bei Dieben vor allem zeigte er viel Verständnis, er hackte keine Arme mehr ab, und auch Augen wurden nicht mehr ausgestochen.

Sie hatten sogar ein Bild von ihm in eine Säule geritzt, wie er im Vimana aus dem Himmel hinabstieg. Es sah ihm nicht sonderlich ähnlich, fand er, die Nase war viel zu groß. Aber er würdigte den Versuch.

Aber es war gar nicht so einfach, Häuptling zu sein. Alle wollten etwas von einem, jeder wusste alles besser, alle redeten einem immer drein.

Taruka hatte daran gedacht, doch vielleicht wieder mal ab und an einen hinrichten zu lassen, nicht oft, aber dieser Dorfmetzger ging ihm wirklich auf die Nerven, doch Sumatika ließ es nicht zu.

Nur ihr hatte er das Vimana gezeigt und die ganze Geschichte erzählt. Sie hatte ihm geholfen, tagelang hatten sie die leuchtenden Fenster ausprobiert, auf Knöpfe gedrückt, es hatte geklingelt, gesirrt und geleuchtet.

Die Erzählungen seines Vaters hatten ihm sehr geholfen, er kannte viele der Zeichen. Hätte er damals nur besser zugehört! Er hatte einen Tempel um das Vimana bauen lassen und ließ es Tag und Nacht bewachen. Er nannte es „Tempel der Feuerschlange“, das Vimana war der innerste heiligste Bezirk.

Gleich war es soweit! Hinter ihnen warteten die Tänzerinnen in ihren Gewändern aus Jaguarfell.

Taruka hatte sie eingeführt, sie kamen gut an beim Volk, auch wenn Sumatika immer daran herummeckerte. Er überlegte, die Tänzerinnen vielleicht nackt auftreten zu lassen, doch wenn er an Sumatika dachte …

Auf dem Altar vor ihnen hatten sie früher die Menschenopfer dargebracht und dann die abgeschnittenen Köpfe die Stufen der Pyramide heruntergeworfen. Das Blut hatte sich schwarz eingegraben in den Stein.

Taruka hatte die Opfer nie gemocht, er hatte sie abgeschafft gleich zu Beginn seiner Regentschaft.

„Bist du bereit?“

„Ja. Ich finde, du solltest nicht tanzen.“

Er runzelte die Stirn, atmete tief durch, nahm Sumatika bei der Hand, beide traten vor und zeigten sich dem Volk.

Das Gemurmel verstummte, alle schwiegen plötzlich und starrten zu ihnen empor. So wie sie hatten früher die M-Teks immer auf ihren Flugpyramiden gestanden. Tausend Gesichter blickten von unten auf dem sonnengefluteten Tempelplatz hoch zu ihnen.

„Volk der Aymara. Hört mich an. Die Götter sind zornig, denn ihr seid aufsässig und störrisch.“

Er versuchte seine Stimme donnernd klingen zu lassen, doch es klang irgendwie fiepend. Es kam ihm vor, als würden alle dort unten ihn zweifelnd anblickend. Es wurde immer schwieriger in letzter Zeit.

Zu Beginn hatte er zusammen mit Sumatika viele der Göttergeräte an Bord des Vimanas zum Laufen gebracht.

Der Knochenheiler an Bord war noch funktionsfähig, man konnte Verletzungen damit irgendwie zusammenschweißen. Wenn man auf den Griff drückte und über die schmerzenden Stellen strich, ließen sich die Knochen damit irgendwie aneinander kleben, er hatte es nie genau verstanden, aber es funktionierte.

Er hatte viele Kranke in den Tempel bringen lassen. Dann hatte er eine große Zeremonie veranstaltet, mit Tanz und Gesang.

Er tanzte selber mit einer großen Federmaske den Tanz der Heilung und sang dazu den Hymnus an die Götter. Er glaubte immer, Sumatika dabei hinter seinem Rücken lachen zu hören, das verdross ihn etwas.

Auch die Anderen zeigten sich nicht sonderlich beeindruckt, aber das machte ihn nur noch entschlossener. Wenn sie zu dämlich schauten, sang er noch eine Extra-Strophe zur Strafe, immerhin war er ihr Gottkönig.

Auch hatte er winzige Kügelchen zum Essen gefunden, sein Vater hatte immer solche gehabt und ihnen gegeben davon, wenn sie Fieber hatten.

Wenn man sie aß, verschwanden die Schmerzen. Alle waren beeindruckt von ihm und seiner Magie.

Doch dann begann alles schief zu gehen. Als er einem die Kügelchen gab, wurde er noch viel kränker, er bekam Schaum vor dem Mund und wäre beinahe gestorben.

Am Knochenheiler glühten plötzlich lauter kleine Lichter, und er funktionierte nicht mehr richtig.

Der Junge weinte und schrie, doch er konnte nichts machen. Er sagte, es sei der Zorn der Götter, sie seien unzufrieden mit ihnen, weil sie seinen Tanz nicht zu schätzen wussten, aber er fühlte sich schlecht dabei.

Immer mehr der Geräte leuchteten nicht mehr und taten keinen Dienst, der Dorje funktionierte nicht, der Nahrungsgenerator war ausgefallen. Und sein Volk wurde immer mürrischer.

Er holte tief Luft und sprach weiter: „Ihr zweifelt und zaudert. Ihr seid ungehorsam. Ich bin der Stellvertreter der Götter, die bald zurückkehren werden, um euren Ungehorsam zu bestrafen."

Er beobachtete die Sonne. Es sah wirklich ganz gut aus, der Mond stand direkt daneben. Sie hatten auf den Leuchtfenstern viele Texte gefunden, die meisten verstanden sie nicht, aber einige hatten sie entziffert. Es gab Tabellen der Sonnenfinsternisse, und heute um Mittag war es soweit. Hoffentlich.

Die Federn auf seinem Helm zitterten. Er hatte sich von Sumatika Farbe ins Gesicht schmieren lassen, das sollte ihn beeindruckender wirken lassen. Er war sich nicht ganz sicher, es sah eher lächerlich aus.

„Die Himmlischen haben uns verlassen, doch sie wachen weiter über uns. Sie beobachteten jeden unserer Schritte. Sie werden zurückkehren eines Tages."

Es war soweit!

Der Mond schob sich vor die Sonne, es wurde finsterer und finsterer! Einige unten hatten es schon bemerkt und begannen zu flüstern.

Taruka zeigte nach oben und schrie:

„Schaut, die Götter entziehen uns ihre Gnade. Seht, was ihr angerichtet habt!

Der Himmel verdunkelt sich, die Vögel schweigen. Die Nacht bricht an mitten am Tage."

Die Sonne war völlig schwarz geworden. Es war etwas unheimlich, alles wurde fahl und ohne Farben. Alle unten hatten Angst und zeigten in den Himmel. Er wusste nicht, wie lange es dauern würde, darum musste er weiter reden, aber es fiel ihm nichts mehr ein.

„Volk der Aymara, ihr seid schuld an der Großen Finsternis. Ihr habt über die Tänze eures Gottkönigs gelacht. Ihr diskutiert und zaudert und zweifelt. Ihr seid-„ Er verlor schon wieder den Faden!

Sumatika trat vor: "Große Feuerschlange, großer Kukulkan, kehre zurück.

Verzeih den Ungläubigen. Vergib ihnen ihre Furcht!"

Sie war die Beste! Sie fuhr fort:

„Werdet ihr umkehren? Werdet ihr die Götter lieben? Werdet ihr seinen Platzhalter auf Erden ehren?"

Er glaubte, leisen Spott in ihrer Stimme zu hören, aber wahrscheinlich bildete er sich das ein.

Die Sonne wurde langsam wieder heller. Seine Augen schmerzten von dem ständigen In-den-Himmel- Blicken. Er zeigte nach oben.

„Da! Schaut! Kukulkan kehrt zurück! Er erhört unsere Gebete!"

Es klappte! Taruka war regelrecht beeindruckt von sich selber. Beinahe fühlte er sich, als habe er wahrlich die Kraft der Götter.

Er hob die Hände gen Himmel.

„Kukulkan, wir danken dir! Verzeihe deinen störrischen Söhnen! Vergib deinen ungläubigen Töchtern!"

Die Sonne schien wieder mit voller Kraft auf den Tempelplatz. Alle knieten und hoben ihm ihre Hände entgegen.

„Seid dankbar. Ich werde beten dafür, dass sich die Sonne nicht mehr verdunkelt, dass keine Nacht mehr anbrechen wird am hellen Tag. Zum Dank für diese Rettung wird Taruka tanzen nun für euch."

Sumatika trat schnell vor.

„Liebt den Sohn des Himmels, Taruka, verehret den Sohn der Götter! Gehet heim und freut euch, dass Taruka euch die Sonne wiedergegeben hat."

Taruka war etwas verdrossen, ließ sich aber nichts anmerken. Sie gingen rückwärts, bis sie dem Blick der Menge unten entschwanden.

„Was sollte das denn eben bitte?"

„Was denn, es hat doch alles geklappt."

Er nahm den riesigen Helm ab und wischte sich den Schweiß von der Stirn.

„Habe ich übertrieben?"

„Nein, du warst gut. Und? Hatte ich recht oder nicht?"

„Du hattest recht, wie immer. Doch lange wird das nicht mehr funktionieren."

„Ja, wir müssen uns was Neues einfallen lassen. Fliegt dieser kleine Eisenvogel noch?“

„Ich glaube schon. Wieso?“

„Wir lassen ihn über den Tempelplatz fliegen das nächste Mal. Das wird sie beeindrucken.“

Taruka sah ihr hinterher, wie sie auf der Rückseite der Pyramide hinunterstieg. Was würde er machen ohne sie!

Es war gar nicht so leicht, ein Gott zu sein.

Verlassene Städte im Dschungel

SOUNDTRACK:
„Words through the sky" vom Soundtrack „Apocalypto"

Eine Trutzburg, wie von Titanen erbaut, eine Götterfestung, für Riesen erschaffen.

Ich stehe vor der zyklopischen Mauer von Sacsayhuamán.

Die riesigen Steinklötze sind absolut perfekt ineinandergepasst. Wie haben dies die archaischen Steinmetze damals vor Jahrtausenden mit Hammer und Meißel und anderen primitiven Werkzeugen bewerkstelligt? Und vor allem: Warum? Es wäre doch viel einfacher gewesen, quaderförmige Steine aufeinander zu schichten, anstatt sie derart perfekt ineinanderzupassen.

Abb. 59: Die perfekt ineinandergepassten Steine von Sacsayhuamán. (Bildquelle: Wikimedia/Laslovarga)

Machen wir einen irrwitzigen Sprung über Tausende Kilometer hinweg nach Südamerika.

Auch hier gibt es viele Rätsel bei den sogenannten Kultbauten der Mayas, Azteken und Olmeken.

Die Olmeken, dieses mysteriöse Volk, dessen Überlieferungen und Kultur beinahe der Vergessenheit anheimgefallen sind, dessen Städte und Tempel seit Jahrhunderten verfallen sind, deren Name selbst für unsere Ohren seltsam fremdartig und ein klein wenig unheimlich klingt, wird uns vielleicht weiter auf die Spur dieses verschütteten Königreiches bringen.

Halb im Erdreich versunken und vom Dschungel überwachsen ragt ein kolossaler Steinkopf hervor. Wie ein vergrabener Zyklop reckt er sein Haupt hervor ans Sonnenlicht.

Im Jahre 1862 entdecken Arbeiter bei Plantagenarbeiten diesen titanischen Stein, sie vermuten einen Goldschatz und graben ihn mit fiebriger Erregung aus. Doch sie stellen enttäuscht fest, dass es sich „nur" um einen der vielen Kolossalköpfe der Olmeken handelt.

Ein riesenhafter Schädel mit unbewegten Gesichtszügen, von einem wundersamen Helm bedeckt. Seltsam teilnahmslos blickt er einen über die Jahrtausende hinweg an.

Mehrere Meter im Durchmesser und Tonnen schwer, fand man später noch viele andere dieser seltsamen Kunstwerke. Alle zeigen ähnliche Gesichtszüge, welche deutlich an einen Schwarzafrikaner denken lassen.

Schon der erste Entdecker dieser seltsamen Monumente hielt den Kopf für die Darstellung eines Äthiopiers.

Schwarzafrikaner in Mittelamerika vor Jahrtausenden?

Ein unmöglicher Gedanke, der allseits abgelehnt wird, doch wenn man diese geheimnisvollen Monumente betrachtet, kommt man nicht umhin festzustellen:

Die mysteriösen Kolossalköpfe der Olmeken weisen, allen Gegenargumenten zum Trotz, deutliche Merkmale von Schwarzafrikanern auf.

Das Volk der Olmeken lebte in Mittelamerika, quasi eine Steinzeit-Zivilisation von einfachen Ackerbauern und Viehzüchter, es gibt keinerlei Hinweise auf Megalith-Bauten, Religion oder Götterglauben.

Abb. 60: Die gigantischen Kolossalköpfe der Olmeken. (Bildquelle: Wikipedia/Glysiak)

Dann plötzlich kommt es zu einem völlig unerklärlichen sogenannten Kultursprung: Aus dem Steinzeitvolk der Olmeken, welche Feldarbeit und Ackerbau verrichteten, wird mit einem Male, quasi über Nacht und ohne Übergang oder Vorstufe, ein Kulturvolk mit groß angelegten Städten, steinernen Monumenten und Religion.

Die weit verzweigte Stadtanlage San Lorenzo Tenochtitlan mit Tempelbauten und streng konzipierten Kanalanlagen entstand quasi wie aus dem Nichts.

Eine Gesellschaft, die jahrhundertelang in kleinen Familienverbänden von höchstens 40 Menschen gelebt hatte, schließt sich plötzlich zu einem riesigen Bauprojekt zusammen. Warum?

Abb. 61: Eine Rekonstruktion der Stadt Tenochtitlán.
(Bildquelle: Wikipedia/Thelmadatter)

Die gesamte Anlage der Stadt wirkt wie nach einem monumentalen Gesamtplan entworfen, plötzlich scheint die Steinmetzkunst auf ihrem Höhepunkt, ohne dass hierfür zuvor irgendwelche Entwicklungsstadien vorzukommen scheinen, die komplizierten Wasserleitungen wurden aus beinahe industriell wirkenden u-förmigen Teilen unterirdisch verlegt.

All dies das Werk einer Steinzeitkultur?

Auch die Legende um Quetzalcoatl, den Gott des Windes, der Dämmerung, der Künste und des Wissen, welcher von den Gläubigen als hellhäutiger und bärtiger Gott vorgestellt wurde, ist merkwürdig. Ausgerechnet der Gott des Wissens sollte hellhäutig und bärtig sein, obwohl die Azteken keinen oder kaum Bartwuchs hatten?

Woher stammt eine solche Vorstellung der hellhäutigen Götter?

Und was war das Vorbild für die gigantischen Kolossalköpfe mit ihren afrikanischen Antlitzen? Gab es vor Urzeiten Kontakt mit fremden Völkern über Tausende von Kilometern hinweg?

An den sogenannten Inka-Festungen sieht man immer wieder die merkwürdige Bauweise der perfekt ineinandergefügten Riesensteine.

Wie in einem überdimensioniertem Mosaik sind die tonnenschweren Steine millimetergenau ineinandergefügt, nicht einmal ein scharfes Messer vermag man in die Ritzen zu stecken. Ich habe es selbst probiert, wurde jedoch von einem amerikanischen Studienräte-Paar derart strafend angeblickt, dass ich meine Versuche alsbald einstelle. Wie soll dieses mit der damaligen Technik bewerkstelligt worden sein?

Auch die Gigantenstadt Teotihuacán in Mexico ist ein absolutes Mysterium. Für viele gilt sie als Azteken-Stadt, doch in Wahrheit ist das Volk, welches diese titanischen Bauten einst errichtete, völlig unbekannt. Die Azteken haben diese Totenstadt dann Jahrhunderte später verlassen vorgefunden.

Die Entstehung dieser rätselhaften Riesenanlage, von unbekannten Baumeistern einst für vergessene Götter errichtet, ist von Geheimnissen umnebelt. Auch diese Giganten-Metropole entstand quasi aus dem Nichts, ohne Vorstufen und wurde dann plötzlich aufgegeben und verlassen.

Den Namen Teotihuacán haben ihr die Azteken Jahrhunderte später gegeben.

Die Azteken begaben sich im 14. Jahrhundert auf eine Wanderung, seltsam ähnlich wie das Volke Israel. Jahrhundertelang irrten sie durch den amerikanischen Kontinent, bis sie endlich Teotihuacán auf ihrer Wanderung erreichten. Zu diesem Zeitpunkt war die Stadt schon seit über 700 Jahren verlassen.

Abb. 62: Die Gigantenstadt Teotihuacán.
(Bildquelle: Wikipedia/Ricardo David Sanchez)

Welch ein wundersamer Augenblick muss dies damals gewesen sein, als die Azteken nach ihrer Wanderung auf die überwachsenen, verlassenen Prachtgebäude der Riesenstadt trafen, die menschenleere Straße der Toten hinabliefen, die Mond- und Sonnenpyramide als steinerne Monumente einer versunkenen Vergangenheit erblickten.

Wie von Giganten in ferner Vorzeit errichtet, standen die hoch aufragenden Bauten vor ihnen, rätselhaft und monumental.

Was müssen sie empfunden haben, als sie die prunkvolle Sonnenpyramide erklommen und unter sich die vom Dschungel überwachsene Anlage mit ihren Alleen und monumentalen Stufenpyramiden erblickten, wie von Riesen gebaut, eine verlassene Stadt der Toten?

„Der Ort, an dem Menschen zu Göttern werden": So nannten die staunenden Azteken diese schlummernde Gigantenstadt Teotihuacán. Ihr wahrer Name, den ihr ihre Baumeister einst gaben, ist ebenso unbekannt, wie das Volk, das sie einst errichtete. Sie nannten diesen Ort so, weil „er der Begräbnisplatz der Götter sei." (9)

Auch die Stadt Tiahuanaco in Bolivien und das daneben liegende Puma Punku sind völlig unerklärlich. In 4.000 Metern Höhe am Titicacasee gelegen, fanden auch die Inka diese Stadt bereits verlassen und zerstört vor.

Auch hier in Puma Punku passen die Steine millimetergenau zusammen, ohne Fugen oder Ritzen sind sie exakt zusammengefügt. Man findet hier viele Steine, welche wirken wie moderne Bauelemente aus serieller Fertigung. Es scheint, als seien sie wie in einer Form gegossen worden, man glaubt sogar Kabelkanäle oder Ähnliches zu erkennen.

Viele der Riesenstädte in Lateinamerika entstanden quasi wie am Reißbrett geplant, ohne Vorstufen, nach einem völlig unerklärlichen Kultursprung, wie aus dem Nichts. Steinzeitvölker bauen auf einmal Riesenbauwerke, verfügen plötzlich über Ingenieurskunst, Steinmetztechniken und die logistischen und planerischen Fertigkeiten zur Errichtung eines komplexen Bauprojektes.

Abb. 63: Die verlassene Stadt Tiahuanaco.
(Bildquelle: Wikipedia/Dr. Eugen Lehle)

Abb. 64: Die Ruinen von Puma Punku.
(Bildquelle: Wikipedia/Benjamin Burga)

Jahrhundertelang wurden sie bewohnt und waren das Zentrum einer gewaltigen Kultur. Dann, ebenso abrupt und unerklärlich wie ihre Entstehung, wurden sie verlassen.

Abb. 65: Die merkwürdig industriell gefertigten Steine von Puma Punku, Bolivien. (Bildquelle: Wikimedia/Janikorpi)

Die Tempel werden vom Dschungel überwachsen, die Völker verlassen ihre angestammte Heimat und brechen zu neuen Ufern auf. Die konventionelle Wissenschaft vermutet als Gründe Naturkatastrophen, Klimawechsel, Missernten oder andere natürliche Ursachen, beweisen lässt sich dieses jedoch nicht.

Seltsamerweise scheinen die Bewohner selbst zuvor die Städte verwüstet und niedergebrannt zu haben. Alles weist darauf hin, dass beispielsweise die Einwohner Teotihuacáns selbst ihre Kultstätten zerstörten und in Brand setzten. Mit eigener Hand wandten sie sich gegen ihre Herren, schändeten die von ihnen erschaffenen Götzenbilder und verließen danach ihre jahrhundertealte Heimat.

Warum? Was hat diese Rebellion gegen die Götter verursacht?

Überall auf der ganzen Welt gibt es rätselhafte Ruinen, deren Erbauer selbst der traditionellen Wissenschaft völlig unbekannt sind:

Die Überreste von Nan Madol in Mikronesien, eine auf künstlichen Inseln erbaute Riesenstadt aus Abertausenden von Steinblöcken.

Abb. 66: Die geheimnisvolle Stadt Nan Madol.
(Bildquelle: Wikimedia/C T Snow)

Die Stadt in den Wolken Machu Picchu, auf einem Bergrücken errichtet, von unbekannten Königen zu unbekanntem Zweck.

Die Dolmengräber, die Drachenhäuser, die verlassenen Städte in Südamerika usw.

Diese Liste ließe sich noch endlos fortsetzen, überall auf der Welt findet man riesige Monumente einer unbekannten Vergangenheit.

Haben alle diese Mysterien einen gemeinsamen Ursprung, waren es Nachkommen der einstigen „Götter", welche sie erschufen? Sind sie teilweise viel älter als angenommen, wurden sie mit allmählich immer weiter verblassenden Resten der einstigen Fähigkeiten erschaffen?

Auch die mysteriöse Stätte Göbekli Tepe in der Türkei in der Nähe zur syrischen Grenze passt in dieses Bild.

Was man zuerst für einen islamischen Friedhof gehalten hatte, entpuppte sich im Verlaufe weiterer Ausgrabungen als ein uralter, völlig unerklärlicher Riesenbau. Monströse T-förmige Pfeiler ragen in den Himmel, tonnenschwer, und auf seltsame Art dem L-förmigen Monolith auf dem Meeresgrund vor Malta ähnelnd.

Direkt neben dem L-Rock auf dem Meeresgrund vor Malta liegt ein abgebrochenes Stück. War dies vielleicht ebenfalls ein T-Pfeiler wie in Göbekli Tepe? Ist der L-Rock in Wahrheit ein T-Rock und gleicht damit verblüffend den Tausenden von Kilometern entfernten Ruinen von Göbekli Tepe?

Gibt es hier Parallelen, sind auch dies die Relikte der uralten Hochkultur, welche einstmals auf Erden existierte? Selbst die traditionelle Wissenschaft gibt das Alter von Göbekli Tepe mit bis zu wahnwitzigen 12.000 Jahren an. Dies könnte vom Stand des Meeresspiegels her gesehen auch ungefähr eine Datierung für das Gelände auf Malta sein.

Dieses unglaubliche Alter wirft alle bis dahin geltenden Theorien der Menschheitsgeschichte über den Haufen. Bisher vermutete man zu dieser Zeit eine Kultur, welche zu der Errichtung eines solch komplex konzipierten Bauwerks keinesfalls in der Lage gewesen sein könnte.

Abb. 66B: Die Ausgrabungsstätte von Göbekli Tepe mit den markanten T-Pfeilern. (Bildquelle: Wikimedia/Klaus-Peter Simon)

Wohlgemerkt, nicht ich vermute die Entstehungszeit von Göbekli Tepe um 10.000 vor Christus, sondern die herkömmliche Wissenschaft selbst. Auch hier verhält es sich streng genommen wie mit der Kultur der „Tempelbauer" auf Malta: Man hat eigentlich nicht geringste Ahnung, wer warum und mit welchen Mitteln diese Anlage errichtet hat.

Ein wenig wirkt es, als handele es sich bei Gebel gol-bahar und Belt fil-bahar um ein Göbekli Tepe auf dem Meeresgrund, ähnlich seltsam, genauso unerklärlich und vom Ursprung her ebenso in unendlich grauer Vorzeit verschwindend.

Welchen Zweck haben die Bauwerke von Göbekli Tepe einst gehabt? Wenn man vor völlig Unerklärlichem steht, wird oft die Bezeichnung „Tempel" verwandt. Ebenso könnte es sich aber auch um Überreste eines technologischen Bauwerks handeln, einer Kommandozentrale, einer Versuchsstation.

Der Fund von Göbekli Tepe hat das komplette Bild der menschlichen Geschichte verändert, man war sich bis zu dieser Entdeckung absolut sicher, dass eine solche technische Fertigkeit der Jäger- und Sammler-Kultur der damaligen Zeit unmöglich war. Als man nicht mehr umhin konnte, den Fund auf dieses unglaubliche Alter zu datieren, wurde einfach die gesamte Geschichte der Menschheit klammheimlich umgeschrieben.

Die Anlage von Göbekli Tepe wurde dann vor tausenden von Jahren absichtlich vergraben. Vielleicht war die Anlage von den einstigen Erbauern längst verlassen, ihre einstige Funktion völlig in Vergessenheit geraten, und man versuchte, sich von der unangenehmen Erinnerung an die einstigen Herrscher der Menschheit zu befreien. Jahrtausende schlummerte sie unentdeckt und hat binnen weniger Jahre nach ihrer Entdeckung das Bild der menschlichen Geschichte komplett umgekrempelt. Wer weiß, welche Relikte noch gefunden werden, die das Bild unserer Vergangenheit vielleicht noch viel radikaler wandeln werden.

Trotz der enormen Bedeutung dieses Fundes kommen die archäologischen Tätigkeiten hier nur sehr schleppend voran, kaum 10 % der Geländes sind bislang ausgegraben. Wie viele weitere mysteriöse Anlagen schlummern dort noch unter dem Wüstensand?

Diese Lehrmeister der Menschheit scheinen sich dann vor Jahrtausenden nach dem Untergang ihres Reiches über die ganze Welt verteilt zu haben. Noch verfügten sie über einen Teil ihres Wissens und ihrer Fähigkeiten, sie schufen Bauwerke und gründeten Kulturen, ehe allmählich sich eine lange Dunkelheit auf die Menschheit zu legen begann.

Stellen wir uns vor: Das Fluggerät der „Atlanter" landet mit Getöse und Feuerschweif inmitten eines primitiven Stammes.

Die Eingeborenen fielen ehrfürchtig zu Boden und verehrten die Neuankömmlinge als allmächtige Wesen des Himmels. Der eine oder andere Stamm dürfte sich gegen die neuen Herren erhoben haben, doch war ihr Kampf ebenso sinnlos wie der von heutigen Amazonas-Völkern, welche mit Pfeil und Bogen gegen die anrückenden Bagger kämpfen.

Jeder Widerstand wurde mühelos niedergeschlagen. Die primitive Kultur der Ureinwohner vergötterte die Fremden, aus dem magischen Anblick des Düsentriebwerkes entstand der Glaube an die „Gefiederte Schlange".

Zu Beginn verfügten die „Atlanter" noch über ihr ganzes Wissen und wohl auch über das eine oder andere technische Gerät. Mit einem einzigen Maschinengewehr ließ sich damals ein Königreich errichten, mit einem noch funktionsfähigen Fluggerät eine Religion schaffen aus dem Nichts. Das technologische Wissen der Fremden könnte den riesigen „Kultursprung" erklären, welcher überall auf der Welt immer wieder vorkam. Plötzlich wurden anscheinend primitive Kulturen quasi über Nacht auf eine neue Entwicklungsstufe katapultiert.

Die neuen Herren versuchen, ihre einstige Größe der Kultur wieder zu erlangen, sie vermitteln ihnen die Kenntnisse des Ingenieurwesens, Bauhandwerk, Logistik, auch einige mitgebrachte technische Apparaturen kommen zum Einsatz. Halb werden die Menschen dieses als Segen empfunden haben, welch ein Wunderreich der Möglichkeiten tat sich plötzlich auf, welche seltsame Magie und neue Horizonte!

Doch halb war es auch ein Fluch, sie wurden unterjocht und zu Arbeiten herangezogen, die sie kaum zu verstehen in der Lage waren.

Ich sehe die Baustelle von San Lorenzo Tenochtitlán vor Urzeiten im Geiste vor mir. Ein Architektenteam der „Atlanter" überwacht das gigantische Projekt von einem Hügel aus, die Baupläne und Arbeitspläne sind perfekt gefertigt. Schwebende Arbeitsdrohnen heben tonnenschwere Lasten, Scharen von menschlichen Hilfsarbeitern werden angeleitet, Kabelkanäle werden gelegt, welche man in späteren Zeiten dann als Wasserleitungen zweckentfremdete.

Vermittels Levitationstechnik schweben die Riesensteine heran, werden durch Strahlung aufgeweicht und perfekt ineinander gepasst.

Die Kopfbedeckungen der „Bauleitung“ erinnern an den Kopfschmuck der „Götter“, wie man sie später auf den Abbildungen der Mayas und Azteken sehen konnte.

Doch die Geräte scheinen dann bald ihren Dienst aufgegeben zu haben, die einstige Herrlichkeit der Fremden und ihre Allmacht verging immer mehr. Man kann noch heute deutlich an den Ruinen erkennen, wie hier Hochtechnologie sich immer mehr mit eher primitiven Bauweisen vermischte. Die gigantischen Riesenmauern werden alsbald mit kleineren, gröber behandelten Steinen umbaut, man sieht an den verschiedenen Bauphasen wie die Handwerkskunst sich immer weiter zurückentwickelte.

Das Phänomen dieser seltsamen „Kultur-Regression“ kann man überall auf der Welt beobachten. Oft scheint es, als sei die Entwicklung der Menschheit quasi rückwärts verlaufen.

Die ältesten Bauten sind seltsamerweise oft auch die größten, je jünger sie werden, desto kümmerlicher und dilettantischer werden oft die Bauwerke.

In den Schulbüchern der Archäologie kann man die genauen Datierungen über das Alter der archaischen Bauwerke lesen. Wie kommen diese zustande? Gibt es hier wirklich verlässliche Methoden?

Die C 14-Methode beispielsweise beruht auf dem Zerfall der radioaktiven C 14-Atome in abgestorbenen Organismen, welche man nach dem Zerfallsgesetz berechnen kann. Doch bereits geringste Verunreinigungen durch modernen Kohlenstoff führen zu völlig falschen Ergebnissen, besonders wenn die Funde sehr alt sind.

Oft wird das Alter einfach nach einzelnen Funden in der Nähe, die man glaubt, klar zuordnen zu können, bestimmt. Findet man beispielsweise in der Nähe eines Bauwerks eine steinerne Speerspitze aus der Bronzezeit, so wird das Gebäude ebenfalls in diese Zeit datiert.

Doch vielleicht wurde diese in einer viel späteren Zeit dort hinterlassen, und das Gelände ist in Wahrheit bedeutend älter. Je weiter in der Vergangenheit die Bauten errichtet wurden, desto grösser wird natürlich die Ungenauigkeit. Das Alter des Mailänder Doms lässt sich präzis bestimmen, doch wenn es Jahrtausende zurückgeht, wird dies bedeutend ungenauer.

Bei den „Tempelbauten" auf Malta, den Großen Pyramiden in Ägypten, bei den Megalith-Bauten auf der ganzen Welt ist die Datierung eher ein gewagtes Ratespiel.

Dass wir uns so gravierend über unsere Vergangenheit täuschen, klingt erst einmal unglaubwürdig, doch in der Vergangenheit ist solch ein völliger Wandel in der Anschauung der Realität schon unzählige Male passiert. Die Vorstellung, dass die Erde eine Kugel ist, ist relativ neu, bis vor wenigen Jahrhunderten waren sich beinahe alle Gelehrten der Welt über die Scheibenform einig.

Und bis zur Entdeckung der Relativitätstheorie hätte niemand an der Absolutheit der Zeit gezweifelt. Diese Liste ließe sich schier endlos fortsetzen, viele andere Beispiele zeigen, wie sich unsere Anschauung der Welt auf Irrtümer und Vorurteile gründen kann.

Dass die Frau an intellektuellen Fähigkeiten dem Mann mindestens ebenbürtig ist, ist eine durch tausende von Studien (und Alltagserfahrung) belegte Tatsache. Bis vor wenigen Jahrzehnten jedoch wusste merkwürdigerweise kaum ein Mann von dieser Tatsache.

Was als unbestreitbare Gewissheit gilt, darf also zumindest durchaus einmal angezweifelt werden, auch von Menschen, die Lichtjahre vom geistigen Niveau solcher Genies wie Albert Einstein entfernt sind.

Vielleicht gelingt es eines Tages, den unwiderlegbaren Beweis dafür zu finden, dass unsere Vergangenheit völlig anders aussah, als es in unseren Schulbüchern geschrieben steht. Vielleicht lösen sich die Götter unserer Vergangenheit in Staub auf, und möglicherweise erblicken wir eines Tages die Wahrheit über unsere vergessene Vergangenheit.

Die Ruinen auf Sri Lanka

SOUNDTRACK: „Requiem: II Kyrie“ von Ligeti

„Look at this!“

Der unglaublich dicke singhalesische Tauchguide hält mir sein verschrammtes Mobiltelephon entgegen und blickt mich erwartungsvoll an. Das auf seinen Hals tätowierte Hakenkreuz, eine asiatische Swastika, irritiert mich etwas, und ich habe Schwierigkeiten, mich auf die kleinen Fotos zu konzentrieren.

Sie sind verschwommen und undeutlich, doch elektrisieren sie mich auf den ersten Blick. Es sind Bilder vom Meeresgrund, sie zeigen Monolithen, gigantische Mauern, Säulenlöcher, alles im Stil unseren Funden auf Malta sehr ähnlich.

Ich bin erneut auf Sri Lanka und versuche, dem Geheimnis des versunkenen Tempels von Koneswaram auf die Spur zu kommen.

Aus dem Kauderwelsch, mit welchem wir uns mühsam verständigen, höre ich heraus, dass dies Fotos von Ruinen auf dem Meeresgrund vor Sri Lanka sein sollen, angeblich mehrere tausend Jahre alt.

Auch zeigen diese zyklopischen Felsen gewisse Parallelen zu den Funden in Göbekli Tepe. Sind alle diese Fundorte die Spuren der uralten Hochkultur, welche einstmals auf Erden existierte? Vielleicht warten dort schlummernde, verwunschene Geheimnisse auf dem Meeresgrund, jahrtausendealte Relikte einer unergründlichen Vergangenheit.

„These ruins are 10.000 years old, man, I swear. They are built by the gods.“

Das Fleisch wackelt an seinen Unterarmen, wie er begeistert vor mir gestikuliert. Auch er ist, wie so viele Tauchguides, derart übergewichtig, dass ich abends im Hotel misstrauisch im Internet nach Hinweisen suche, dass andauerndes Tauchen Fettleibigkeit verursacht. Ich kann aber nichts finden, das beruhigt mich etwas.

Abb. 76: Der Tempel von Koneswaram.
(Bildquelle: Wikimedia/ Isuru Senevi)

Allerdings ist er nicht gerade der seriöseste Vertreter seines Berufsstandes.

Als er seine Ausrüstung zusammenschraubt, glaube ich, eine starke Alkoholfahne zu riechen, und beim Einsteigen in das Boot hat er noch mehr Mühe als ich, unbeschadet seine Tauchflasche an Bord zu bekommen. Er erklärt mir umständlich und langatmig den bevorstehenden Tauchgang, ich verstehe zwar kein Wort, aber das scheint ihn nicht im Mindesten zu stören.

Vor dem Abtauchen warnt er mich eindringlich vor irgendwelchen furchtbaren Gefahren, ich kapiere allerdings nicht, welche genau. Nach meiner 7. Nachfrage winkt er genervt ab und verschwindet einfach in der Tiefe. Ich folge ihm nach, bereit auf Seeungeheuer oder andere Schrecknisse zu stoßen, doch das einzig Gefährliche ist der Tauchguide selbst. Unter Wasser zu torkeln und zu schlingern ist eigentlich kaum möglich, doch er schafft es trotzdem.

Wir finden unter Wasser leider gar nichts Bemerkenswertes vor, und als er auf der Rückfahrt des Bootes an den Strand sofort einschläft, wird mir klar, dass er tatsächlich sturzbetrunken ist, und dies bei 30 Grad um 11 Uhr morgens.

Als er mir anbietet, morgen erneut zu einem absolut irrsinnigen Preis zu den Ruinen hinabzutauchen, lehne ich dankend ab, auch weil ich am nächsten Tag allmählich die Rückreise zum Flughafen antreten muss.

Als ich dann bei Dauerstau, von hupenden Autos umgeben, auf der Straße nach Colombo festsitze, ärgere ich mich furchtbar. Liegen dort vielleicht weitere Beweise für diese uralte Hochkultur? Oder versucht er einfach, mir Geld aus der Tasche zu ziehen?

Ich beschließe, bald zurückzukommen. Vielleicht gelingt es uns, die Ruinen der verlassenen Paläste auf dem Meeresgrund aufzufinden und ein klein wenig den Schleier des Geheimnisses zu lüften.

Welch ein Schock wäre dies für die heutige Welt, so es uns gelingen würde, diese etwas wüsten Theorien zu beweisen. Die Götter würden auf einmal aus ihren Himmelspalästen herausgerissen, sie schrumpften plötzlich zu urzeitlichen Kriegsherren, ihre Wunderkräfte wandelten sich zu Panzerfahrzeugen und Explosivgeschossen. Woran sollte man dann noch glauben? Was hoffen?

Was würde geschehen, so man irgendwann einmal tatsächliche Beweise dafür finden könnte, dass die menschliche Kultur von fremden Wesen beeinflusst wurde, dass unsere Religionen und Sagen auf missverstandener Technologie beruhen? Viele Schilderungen des Alten Testaments, wie die „Bombenexplosion“ von Sodom und Gomorrha, das „Fluggerät“ des Jahwe, welches bei Tag als Rauchsäule vor den Israeliten herflog, bei Nacht als Feuersäule, die technologisch wirkende „Manna-Maschine“ und vieles mehr wirken ja wie die Beschreibung von technischem Gerät.

Stellen wir uns vor, es gäbe Beweise dafür, dass der alttestamentarische Gott Jahwe auf nichts anderem als einem grotesken Irrtum beruht. Würde es nicht zu brutalen Unruhen kommen, würde man nicht den Tod der „Ketzer“ fordern, würden die Gläubigen nicht verzweifeln, dass man versucht, ihnen den Sinn ihres Glaubens, ihrer Existenz zu rauben?

Auf kleinen Pazifikinseln gibt es die zuhöchst wunderliche Religion des John-Frum. Diese Gläubigen verehren eine göttliche Gestalt, die aus Amerika zu ihnen kam, heute auf dem Grunde des Vulkans Yasur haust und einst zurückkommen wird, um sie alle zu erretten.

Bei ihren Prozessionen tragen sie Holzbalken über der Schulter, einem Gewehr gleich, und marschieren im militärischen Gleichschritt. Auf ihrer Brust haben manche die heiligen Symbole ihrer Religion tätowiert, die drei Buchstaben „USA“. Das zentrale Dogma ihrer Glaubens ist: „Behaltet eure Bräuche. Hört nicht auf christliche Missionare und lebt von euren Gärten und Tieren.“

Es klingt absurd, aber die Erkenntnis ist unausweichlich: Ihr Gott ist nichts anderes als ein amerikanischer GI.

Im zweiten Weltkrieg waren auf den winzigen Südsee-Inseln amerikanische Soldaten stationiert. Die Eingeborenen waren von den Flugzeugen, Konservendosen und Maschinengewehren zutiefst beeindruckt. Die Soldaten stellten sich immer wieder mit den Worten vor: „I am John from Chicago, I am John from Minnesota usw.“ Hieraus entstand der seltsame Gottesname John-Frum. Als die Soldaten abzogen, versprachen sicherlich einige, wiederzukommen, und so entstand die Hoffnung auf einen Messias, der sie einst erlösen sollte. Sie bauten Landebahnen in den Dschungel, um dem Gott die Heimkehr zu ermöglichen und bastelten Nachbildungen von Funkgeräten aus Holz, um mit ihrem Messias zu kommunizieren.

(Noch ein wenig obskurer ist die Prinz-Phillip-Religion auf einer nahe gelegenen Insel, welche den britischen Prinzgemahl der englischen Königin als Gottheit verehrt.)

Die Gläubigen dieses wundersamen Kultes werden sehr schnell aggressiv, wenn man versucht, mit ihnen über die Grundlagen ihres Glaubens zu diskutieren, sie weigern sich strikt, anzuerkennen, dass er auf Irrtümern und Missverständnissen beruht. Sie wollen sich ihre Religion, mit der sie aufgewachsen sind, die ihnen Halt gibt, nicht rauben lassen.

Man lächelt leicht verächtlich über diesen aberwitzigen Kult, doch es ist ein gespenstischer Gedanke, dass es vielleicht Milliarden Menschen auf der Welt ganz ähnlich gehen könnte.

Beten sie alle zu einem Gott, der auf Düsentriebwerken aus den Himmeln stieg? Vergötzen sie einen himmlischen Herrscher, dessen göttliche Macht auf Elektrizität, Stromgeneratoren und Schießpulver beruht?

Fast wünscht man sich, dass man niemals den klaren Beweis für diese vorgeschichtliche Zivilisation finden wird. Welche Massenunruhen würde ein solcher „Götterschock" auslösen, die Erkenntnis, dass der Glauben vielleicht auf aberwitzigen Irrtümern beruht.

Dabei denke ich, selbst wenn man den absolut unbestreitbaren Beweis fände, die Bundeslade mit der Manna-Maschine, das irgendwie konservierte Wrack eines prähistorischen Flugschiffs, so würde dies den Glauben der Menschen in ihrem Herzen nicht beeinflussen müssen, denn der wahre Grund des Glaubens ruht im Herzen und nicht in der Wirklichkeit.

Zwischenspiel

Der Kampf gegen die Götter

Vor Ol-Mek lagen die brennenden Ruinen von Sigiriya. Er stand auf der Terrasse von Rav-Anas zerbombtem Palast und sah hinunter auf das Flammeninferno unter ihm.

Überall fielen die Bomben, die Paläste brannten in der Dunkelheit, es loderte Feuer aus den Säulengängen. Rauch stieg in den Himmel empor, in der Ferne tönten dumpfe Explosionen. Die Kampf-Vimanas flogen im Tiefflug mit düsterem Glühen aus ihren Antriebsdüsen über die Stadt und ließen ihre Bomben fallen.

Kein Licht brannte in den zerstörten Türmen, gleich in der ersten Angriffswelle waren die Versorgungsstationen unten vor der Festung mit ihren Stromgeneratoren völlig zerbombt worden.

Alles war verloren, die Festung Sigiriya war gefallen, die Schlacht war bald vorüber. Die Armee von Ra-Ma war übermächtig, sie hatten ganz Lanka mit ihren Truppen überrannt.

Die Mischwesen von Kommandant Hanu-Man brannten alles nieder. Die ersten Landefahrzeuge hatten bereits Truppen ausgespien, man konnte sie in ihren Schutzanzügen durch die Gassen rennen sehen. Geschosse schlugen mit ihren feurigen Bahnen unten in den Straßen ein, die Explosionen brachen wie Blumen aus Feuer hervor.

Zu Füssen der steilen Wände sah er die riesenhaften feuerspeienden Kriegsmaschinen aus Metall rollen, auf ihren gewaltigen Ketten schoben sie sich durch die Wassergräben, die um die Festung gezogen waren. Jahrhundertelang hatten die senkrechten Felsen ihnen Schutz geboten, und nun war alles verloren.

Die Tüten hinter ihm taten sich auf, und Kommandant Rav-Ana mit seiner Leibgarde trat heraus.

An seinen Schultern waren die Inhalatoren befestigt, groteske Röhren und Gerätschaften, er benötigte ständig Medikamente, welche ihm ununterbrochen in die Atemgänge geblasen wurden.

Dies gab ihm das Aussehen, als wüchsen ihm weitere Köpfe aus den Schultern, er war blass und abgehärmt.

Ol-Mek senkte den Kopf und legte die Handflächen aneinander. Kommandant Rav-Ana war immer reizbarer und unberechenbarer geworden in letzter Zeit. Er hatte gestern seinen Stellvertreter hinrichten lassen, als dieser die schlechten Nachrichten von der Ostfront überbrachte.

Ol-Mek nahm Haltung an und machte Meldung.

„Kommander Rav-Ana, unsere Flugabwehrgeschütze sind beinahe alle ausgeschaltet, die innere Verteidigungslinie ist dabei zusammenzubrechen.

Wir müssen sofort abfliegen oder wir kommen nicht mehr heraus."

Rav-Ana blickte schweigend auf die brennenden Trümmer seiner Stadt.

Ol-Mek wurde immer unruhiger. Das Bombardement war verheerend, die West-Allianz war ihnen völlig überlegen. Die Armee des Prinzen Ra-Ma hatte eine riesige Brücke gebaut und war vom Festland her auf die Insel Lanka gelangt.

Die Armee der Mischwesen hatte den Angriff angeführt. Sie waren furchtlos, sie hatten nichts zu verlieren. Sie hatten mit der Levitationsmaschinerie Steine in die Meerenge zwischen dem Festland und Lanka platziert und ihre Metallbrücken darüber gelegt, damit ihre gewaltigen Panzerfahrzeuge hinüber setzen konnten.

Ol-Mek hatte Ramas Brücke mit eigenen Augen gesehen, wie ein riesiger stählerner Wurm hatten sich die Tanks über die Meerenge geschoben. Sie hatten versucht, sie zu bombardieren, doch Hanu-Mans Voraustrupp hatte ihre Flugwaffe größtenteils kampfunfähig gemacht.

Eine Granate schlug wenige Meter entfernt ins Geschoss über ihnen ein, Schutt rieselte von der Decke herunter. Alle zuckten zusammen und duckten sich, nur Rav-Ana blieb völlig unbewegt und starrte hinab auf die brennende Stadt.

Ol-Mek trat unruhig auf ihn zu.

„Wir müssen aufbrechen, Kommandant, sonst kommen wir nicht mehr heraus. Der Beschuss wird immer stärker."

Rav-Ana blickte auf seine Felsenfestung, auf seine brennende Stadt.

„Es ist vorbei. Alles ist verloren. Diese minderwertigen Mischwesen haben uns besiegt."

Rav-Anas Stimme war völlig ruhig und unberührt wie immer.

„Unsere Herrschaft ist vorüber. Wir müssen nun fliehen, weit, weit weg, auf einen anderen Kontinent. Wir müssen unter Wilden leben, unter den schmutzigen Nbekis.

Nie wieder werde ich die Lieder von T-Kal in den Gassen von Sigiriya hören, nie wieder werde ich über die grünen Dschungel Lankas fliegen. Wir sind dem Untergang geweiht."

Er sah ihn mit seinen seltsam hellen Augen an. Ol-Mek erschauderte.

„Doch noch nicht heute.

Starten Sie den Vimana, Kapitän Ol-Mek. Sie werden uns begleiten."

*

Amaru stand auf dem Dorfplatz, seine Krieger umringten ihn schweigend. Er trug Kriegsfedern im Haar und die schwarzen Streifen des Kampfes im Gesicht.

Amaru atmete tief durch. „Die M-Teks sind keine Götter, sie bluten wie wir! Sie können auf dem Donner fliegen, sie besitzen die Macht des Blitzes, doch sie sind aus Fleisch und Blut, nicht anders als wir."

Er hielt den erbeuteten Strahler in die Höhe. Alle zuckten zusammen bei dem Anblick des Feuer-Dorje. Wie oft schon waren Blitze aus ihm geschleudert worden, es war das Zeichen der Allmächtigkeit.

„Sie sind gekommen mit Feuer und mit Donner und haben uns unterjocht. Erst dachten wir, dass sie Götter seien, doch wir haben uns geirrt. Sie sind Teufel.

Sie haben unsere Weiber fort genommen. Sie haben uns in ihren stählernen Kammern gequält. Sie haben uns gezwungen, ihnen ihre Paläste zu bauen.

Sie haben uns gestraft mit Feuer und mit Blitz. Doch jetzt ist es vorbei.

Hier, schaut ihn euch an!“

Amaru zeigte auf den M-Tek, der an einen Baum unweit des Platzes gefesselt war.

Sie hatten ihm den Helm abgenommen, auf seinem langgezogenen Schädel war das grüne Blut getrocknet und sah beinahe schwarz aus. Der M-Tek sah ihnen hasserfüllt aus seinen hellen Augen entgegen.

Er sprach in seiner seltsamen Sprache mit merkwürdig hoher Stimme. Amaru verstand ein paar Fetzen. Er redete von „Bestrafen“, „Rache“, „Tod“. Das war das, wovon sie meistens redeten. Seine Stimme zitterte vor Hass und Zorn. Aber auch vor Angst.

Sie hatten den M-Tek getroffen, als er alleine unterwegs war in Richtung Versorgungslager.

Sie hatten ihn von hinten überwältigt. Sie hatten ihm die Rüstung ausgezogen. Sie hatten ihm seinen Feuer-Dorje weggenommen. Er hatte dabei gejammert und geheult. Sie waren keine Titanen.

Zu Anfang hatten alle Angst gehabt, die magischen Objekte auch nur anzurühren, doch Amaru hatte es probiert irgendwann. Er hatte den Dorje in die Hand genommen. Es war ganz einfach, man musste nur die Spitze auf das Ziel halten, am Griff drücken und ein Blitz fuhr aus der Spitze heraus und zertrümmerte den Baum, der vor ihm stand.

Amaru trat auf ihn zu und sah ihm in die Augen. Er atmete durch und schlug dem M-Tek ins Gesicht.

Es fiel ihm schwer, doch er musste seinen Leuten beweisen, dass sie nicht allmächtig waren. Zuerst hatte er solche Angst gehabt vor ihm, doch jetzt merkte er, wie ihn der M-Tek ansah. Er hatte Angst vor ihm!

„Seht ihr? Er blutet! Sein Blut hat eine andere Farbe, doch das ist alles.“

Amaru drehte sich um und richtete den Dorje auf sie, alle zuckten zusammen.

„Hier, das ist die Waffe der Herren. Hiermit haben sie uns geschlagen und gestraft.“

Er richtete die Waffe auf einen Baum, der unweit stand. Jetzt durfte nichts schief gehen.

Er drückte auf den Griff. Nichts geschah. Alle blickten ihn gespannt an. Ein kleines gelbes Licht leuchtete am Schaft, Amaru drückte mit dem Finger auf das Licht, es wurde plötzlich violett und ein leises Summen ertönte.

Er drückte noch einmal, und ein heller Blitz fuhr aus der Spitze des Objekts, der Baum zerbarst in einem Feuerball. Alle zuckten zusammen, doch keiner warf sich auf den Boden. Amaru fühlte Stolz auf seine Männer.

Er musste sich die magischen Dinge das nächste Mal genauer anschauen, sie waren gar nicht so einfach zu bedienen.

„Seht ihr? Auch ich kann über den Donner gebieten. Bin ich deswegen ein Gott? Komme ich deshalb von den Sternen? Ohne ihre Rüstung, ohne ihre Helme, ohne ihre Waffen sind sie so schwach wie wir.“

Die M-Teks waren ein wenig größer, die Haut der meisten war heller als ihre, ihnen wuchsen Haare im Gesicht und ihre Schädel waren länger. Das war alles.

„Zeigen wir den M-Teks, dass wir uns nicht länger ducken vor ihnen. Wir sind keine Nbekis. Wir sind Menschen. – Zeigen wir ihnen, dass das Volk der Ol-Meken sich erhebt wider sie. Auf!“

*

Kommandant Rav-Ana überflog die Dienstberichte auf dem Bildschirm, der an seinem Schulterstück befestigt war. Er war im Kommandoraum seiner Station, das Licht flackerte an der Decke, die Energieversorgung wurde immer anfälliger.

Es wurde immer schlimmer, die Levitationsmechanik war beinahe komplett ausgefallen, die Stromumwandler liefen nur auf halber Kraft, und bald würden die Generatoren den Dienst versagen.

Seit nunmehr beinahe 20 Jahren waren sie nun in diesem dreckigen Land, wo keine Lieder klangen in der Nacht, wo die Weibchen klein und schwächlich waren. Dieser Ort war so unglaublich fern von den Gassen von Sigiriya, so weit weg von den Felsen Lankas.

Er erinnerte sich noch, wie sie einst hier angekommen waren.

Sie waren auf einer Lichtung im Dschungel gelandet. Ihre Steuerdüsen waren durch die Treffer beinahe ausgefallen und sie wären beinahe abgestürzt.

Lange Strecken würden sie nicht mehr fliegen können. Die Rampe fuhr herunter und sie stiegen aus.

Es war totenstill. Alle Vögel waren verstummt, der Dschungel dampfte in der Hitze. Das Vimana sirrte und zischte leise hinter ihnen, als sich die Turbinen langsam abkühlten.

Sie waren einen weiten Weg gekommen, um den halben Erdball herum, um der Rache Kommandant Ra-Mas zu entkommen. Hier waren die Vegetation und das Klima ähnlich, hier gab es Wasser, Nahrung und reichlich Eingeborene als Arbeitssklaven.

Hier würden sie sich ansiedeln.

Ol-Meks Bewegungsmelder sprang mit einem leisen Geräusch an.

„Kommander Rav-Ana, ich melde: Es sind Eingeborene in der Nähe, circa 30 Einheiten, keine Explosivwaffen.“

„Sie sollen kommen. Je eher desto besser."

Es war weiter totenstill.

Dann war ein leises Knacken und Knistern zu hören. Sie kamen langsam hervor, nackt bis auf einen Lendenschurz, einige hielten Speere und Macheten in den Händen.

Manche der Weibchen hielten kleine Kinder auf den Armen, die sie ausdruckslos anstarrten. Es waren Nbekis, klein, schmutzig und hässlich.

Einer von ihnen, der am reichsten Geschmückte, mit bunten Federn im Haar, trat vor. Er war der Größte und Älteste. Er fing an zu sprechen.

Rav-Ana bewunderte seinen Mut.

Seine Übersetzungsautomatik im Helm konnte einzelne Worte übersetzen.

„Fremde.“ „Frieden“. „Willkommen“.

Wenn sie öfter sprechen würden mit ihnen, begänne sich die Qualität der Übersetzung immer mehr zu verbessern.

Sie würden ihnen das Handalphabet beibringen, das primitive Sprechen allein mit Worten war ein Zeichen der Niederen.

Der Häuptling nahm seine Kette aus bunten Steinen ab, die er um den Hals trug, kam mit erhobenen Händen auf sie zu und legte sie auf den Boden.

Ein Begrüßungsgeschenk.

Rav-Ana lächelte, zog sein Dorje und schoss dem Häuptling in die Brust.

Rav-Ana kehrte zurück ins Jetzt und musste bitter lächeln, bei dem Gedanken an den fernen Tag, an dem sie hier einst gelandet waren.

Zu Anfang hatten sie viele töten müssen, doch alsbald waren die Stämme ihnen gehorsam.

Sie versuchten hier, fern der Heimat, einen Hauch des alten Glanzes zu bewahren. Sie ließen Vimanas aus Stein bauen, sie lehrten die Nbekis ihre Sprache und einige Fertigkeiten. Als die Aufstände immer schlimmer wurden, bauten sie sich Festungen aus geschmolzenen Steinen. Sie brachten einigen Nbekis ihre Lieder und Epen bei, doch sie waren dumm und schmutzig.

In letzter Zeit gab es immer wieder Überfälle auf die Versorgungsstationen im Osten. Sie wurden immer frecher, es gab Revolten überall.

Und ihre Technik versagte immer mehr, die Kampf-Vimanas flogen schon seit langem nicht mehr, immer mehr der Waffensysteme fielen aus, die Generatoren versagten den Dienst.

Drüben im Osten hatten sich einige Stämme erhoben, sie hatten die Stützpunkte angegriffen mit ihren Pfeilen und Speeren, doch sie lernten auch den Umgang mit den Maschinen.

Eines Tages würden die Eingeborenen ihnen noch gefährlich werden!

*

Amaru und seine Krieger schlichen sich durchs Unterholz. Vor ihnen lag die gewaltige Baustelle der Götter.

Eine Mauer aus Glas war um die Stadt der M-Teks gebaut. Überall waren Türme, von denen aus Zungen aus Feuer über den Boden glitten. Seltsames leises Donnern tönte von innen. Dort hatten früher riesige Dämonen gearbeitet, sie hatten fauchend die Erde ausgehoben mit ihren monströsen Armen, es waren Geister aus Licht durch die Lüfte geflogen.

Doch in den letzten Jahren war es drinnen immer ruhiger geworden. Die M-Teks wurden immer schwächer.

Sie mussten vorsichtig sein. Wenn die Feuerzungen einen erhellten, ertönte gleich danach die Stimme des Donners, und Blitze schossen auf sie von den Türmen herunter.

Sie schlichen sich näher heran.

Wenn man direkt davor stand, merkte man, die Mauer war gar nicht aus Glas, sondern aus dünnem Draht, die wie Zweige ineinandergeflochten waren. Man konnte die Finger hindurchstrecken und daran heraufklettern, doch oben waren Dornen aus Eisen befestigt.

Pilipuntu hatte schon gestern Nacht ein Loch darunter gegraben, durch das sie sich hindurchschieben konnten. Er konnte es nicht erwarten, er hasste Quetzalcoatl, die Gefiederte Schlange.

Amaru musste aufpassen auf ihn. Die M-Teks hatten sein Dorf bombardiert, und seine Frau und seine drei Kinder waren dabei ums Leben gekommen. Er wollte Rache.

Sie schlichen eine Anhöhe empor und blickten geduckt hinunter. Vor ihnen lag die riesige Baustelle.

Sie war im Licht von tausend Sonnen erleuchtet, die an Stangen befestigt waren. Auf den Doppelgleisen schwebten Tag und Nacht die Steine heran, wurden mit ihren Zauberkräften aufgeweicht und dann aufeinandergepasst.

Ein Dämon mit einem Riesenarm hob Steine durch die Lüfte.

Hier, wo die gefiederte Schlange einst das erste Mal gelandet war, hatten sie Pyramiden aus Stein gebaut, die genauso aussahen wie der Flugdrache, der damals die M-Teks zu ihnen brachte.

An den Bußtagen erschienen die himmlischen Herrscher an der Spitze der Pyramide, ließen sich Menschenopfer darbringen, schossen mit ihren Feuer-Dorjes in die Luft.

Als Kind hatte Amaru noch das Vimana fliegen sehen, einmal war es mit Feuer über ihr Dorf geflogen. Doch jetzt stand es schon seit langem unbeweglich neben den aus Stein gebauten Nachbildungen und zerfiel allmählich.

Der Dschungel überwucherte allmählich das Vimana, aus den leeren Fenstern wuchsen Äste heraus, Wurzeln umklammerten wie Schlangen die metallenen Füße, die immer tiefer in der Erde versanken, grün schimmerte der Rost an den Flanken aus Metall.

Pilipuntu schnalzte leise mit der Zunge und wies nach links. Alle duckten sich noch tiefer.

Zwei Wachen näherten sich. Sie waren vom Stamm der Ol-Meken wie sie.

Einige von ihnen dienten ihnen als niedere Arbeiter. Sie wurden geheilt, so sie krank wurden. Sie lernten den Umgang mit den Schwebegleisen, sie bedienten manchmal sogar die Arbeitsdämonen.

Die beiden trugen die Kleidung der Fremden, einen Panzer, einen Helm, das Gewand aus glänzendem Licht.

Einige sprachen seit neuestem die Sprache der Fremden. Sie waren Verräter. Ihren Kindern bandagierten sie die Köpfe, damit sie den M-Teks ähnlich sahen. Die Kinder litten schrecklich darunter, doch es war ihnen egal. Sie wollten werden wie die Götter.

Nun, diese beiden dort würden bald bei ihren Göttern sein.

Sie durften keinen Laut machen, sonst würde das Geisterwimmern losheulen, die Feuerzungen würden sich beschleunigen, es würden die winzigen Flugdämonen in die Himmel steigen und nach ihnen suchen.

Amaru klappte die Maske seines Helmes herunter. Die Helme der M-Teks waren voller Magie, man konnte mit ihnen sehen in der Finsternis, alles Lebendige erstrahlte plötzlich in hellem Rot.

Ein wenig erinnere der Helm an den Kopf eines Jaguars, deshalb nannte man sie die Jaguarmenschen.

Amaru hob langsam sein Blasrohr an die Lippen. Er blickte zu Pilipuntu, der neben ihm kniete. Auch er zielte mit seinem Blasrohr auf den linken der beiden. Ihr Pfeil war mit dem Gift der Teufelsfrösche getränkt.

Er nickte ihm zu und sie stießen zugleich kräftig die Luft in das Blasrohr. Mit leisem Zischen schossen die Pfeile heraus. Die beiden Wächter griffen sich an den Hals und sackten zusammen.

Sofort stürmten die Krieger heran und gaben ihnen den Rest. Sie gingen gekauert weiter. Jetzt waren sie im Innern der Anlage.

Man konnte einige der schwarzen Menschen auf der Baustelle stehen sehen. Sie hatten ein Antlitz wie aus Kohle. Sie waren nur wenige, doch schienen sie die Anführer zu sein. Sie trugen enge Helme und waren die Herren über die schwebenden Steine. Sie als einzige vermochten die Steine zu schmelzen, damit sie weich wurden wie Butter, und dann fügten sie sie ineinander.

Doch jeden Tag versagte ihre Magie ein wenig mehr.

Letztens war die Schwebemaschinerie ausgefallen und alle Steine waren plötzlich heruntergefallen, sie hatten zwei der Arbeiter zerquetscht.

Die Magie des Steinaufweichens funktionierte schon seit langem nicht mehr richtig. Sie mussten inzwischen beinahe alle Steine mit Hammer und Meissel zurechtschlagen.

Das Zeitalter der Götter ging zu Ende.

Dort drinnen, in der Festung aus geschmolzenem Stein, thronte Rav-Ana, der Dämon mit den zehn Köpfen.

Manchmal, an den Opferfesten, hatten sie ihn oben auf den Pyramiden stehen sehen. Er war so gebrechlich, dass er geführt werden musste, doch er war der schreckliche König der Unirdischen. Sie mussten ihm Menschenopfer darbringen, er brauchte das Blut für seine Lebensmaschinerie.

Wenn sie ihn ausschalten könnten, dann würden alle Ol-Meken sich erheben mit ihnen gegen die Herren.

Ihn mussten sie töten.

*

Rav-Ana trat nach draußen. Der Medizinleutnant neigte seinen Kopf, als er ihn sah.

„Erhöhen Sie die Dosis, Leutnant, die Nacht war unerträglich."

„Sie erhalten schon 3 Einheiten mehr als die Höchstmenge, Kommandant Rav-Ana, ich-

„Wenn Ich Ihre Meinung hören will, frage ich, Leutnant. Gehorchen Sie."

Er würde nicht mehr lange leben. Die Ärzte waren sich sicher. Er wurde jeden Tag schwächer.

Er würde fortgehen von hier, nach Ägypten vielleicht. Die Kryotechnik könnte ihn retten. Er würde sich einfrieren lassen für Jahrhunderte, vielleicht Jahrtausende, und erwachen in einer besseren Welt.

Er ließ seinen Blick über die Baustelle schweifen. Die Arbeiten wurden immer langsamer. Die Schwebegleise waren nur noch zum Teil funktionsfähig. Ihre Paläste verfielen, kaum, dass sie fertig gestellt waren. Er war der beste Pilot ganz Lankas gewesen, er hatte mehr Abschüsse als jeder andere, und heute flogen die Vimanas schon lange nicht mehr.

Hier, fern der Heimat, fern der Hügel von Lanka war das Leben sowieso leer und nichtig.

Plötzlich ertönte eine Explosion, ein brennender Schmerz an seiner linken Wange. Schüsse blitzen um ihn herum, es wurde gerufen und geschrien. Rav-Ana spürte einen unbändigen Zorn.

Er zog seine Waffe und rannte auf die Menge vor ihm zu.

Doch die Wachen hatten bereits die Eindringlinge getötet, sie lagen blutend am Boden. Nur einer der Nbekis war noch am Leben, sie hatten ihm den Schutzhelm ausgezogen, er starrte ihn ausdruckslos an.

„Kommandant, es sind Nbekis eingedrungen, die anderen sind tot, sollen wir diesen hier-„

„Nein. Lasst ihn mir."

Er trat an den Nbeki heran.

Bei Rav-Anas bizarren Anblick vergingen die meisten stets vor Angst. Von nahem konnte man seine nässenden Wunden im Gesicht sehen und seine hellen Schlangenaugen.

Doch dieser blickte ihm ruhig entgegen und fing an zu sprechen.

Rav-ana verstand die Sklavensprache.

„Ihr seid gekommen über uns wie ein Ungewitter,

Ihr habt uns Krankheiten gebracht, ihr habt unsere Weiber fortgenommen, ihr habt uns zur Arbeit gezwungen. Wir waren frei, lebten in den Wäldern.

Heute leben wir in Städten als eure Sklaven. Ihr gebietet über den Donner, doch uns gehört der Wind auf den Bergen. Ihr befehligt dem Blitz, doch unser ist das Sternenlicht.

Eure Herrschaft geht zu Ende. Und unsere Zeit bricht an."

Rav-Ana starrte ihn an, dann griff er zu und brach ihm mit einem Ruck das Genick.

„Bringt ihn weg"

Rav-Ana sah den Dschungel hinter den Zäunen liegen, schwarz und unergründlich.

Ihn schauderte.

Die Welt der Götter

SOUNDTRACK: „Parsifal - Vorspiel" von Richard Wagner

Vor weit über 10.000 Jahren herrschte eine Spezies der „Götter" über die Menschheit.

Woher kamen sie? Von den Sternen? Oder einfach eine höherentwickelte Menschenrasse, die dem heutigen homo sapiens sehr ähnlich, aber in ihren technischen Fähigkeiten weit überlegen war?

Über mehrere Jahrtausende scheint die Herrschaft der Überirdischen recht stabil gewesen zu sein. Aus der DNA der Urmenschen und der „göttlichen" Spezies wurde in vielen, mühseligen Experimenten der heutige Homo Sapiens gezüchtet.

Überall auf dem Erdball wurden groß angelegte ethnologische Experimente unternommen, an den Israeliten beispielsweise, hieraus bildeten sich der Mythos und die Religion von Jahwe.

Dann entstand ein Konflikt unter den Herrschern, es bildeten sich verschiedene Parteien, welche in einem furchtbaren Weltkrieg gegeneinander kämpften.

Diesen Krieg der Titanen, welchen wir in allen Mythologien der Welt wiederfinden, nutzten dann die Menschen, um sich gegen ihre Herren zu erheben.

Am Anfang der Menschheit stand also vielleicht eine Rebellion gegen die Götter, ein Aufstand wider die Herrschaft der Überlegenen, Stärkeren.

Dies ist ein Wesenszug der Menschheit, ihr höchstes, edelstes Gut, dies zeichnet uns aus, dass wir rebellieren gegen die Herrschaft, gegen die Unterdrückung.

Diese Kultur ging unter, von ihrem eigenen Hochmut zerstört, ihre prächtigen Paläste verfielen, ihre Standbilder wurden gestürzt.

Dann kam die „Sintflut", die Strafe des Schicksals, der allmähliche Anstieg des Meeresspiegels zum Ende der letzten Eiszeit. Die verfallenden Städte versanken in den Fluten, vom ewigen Meer verschlungen, die „Atlanter" verteilten sich über die ganze Welt.

Mit Hilfe der technologischen Mittel und dem Wissen der fremden Besucher wurden die gigantischen Bauten überall auf der Welt errichtet.

Zuerst herrschten die neuen Könige in aller Pracht und ließen sich als Götter verehren. Man brachte ihnen Menschenopfer dar, auf den Spitzen der Pyramiden zeigten sie sich manchmal dem Volk in ihren strahlenden Rüstungen aus Licht, ihren Schutzanzügen, schossen vielleicht eine Salve in die Luft als Zeichen ihrer Macht und wurden dafür als „Herren des Donners" verehrt.

Man baute Landerampen für die letzten noch flugfähigen Flugmaschinen, und die Erinnerung hieran wurde in den Mythen über die fliegenden Titanen, Drachen und Feuerschlangen überall in der ganzen Welt aufbewahrt.

Im Laufe der Jahrhunderte gerieten die Fertigkeiten der „Atlanter" dann immer mehr in Vergessenheit, die technologischen Geräte versagten ihren Dienst. Die „Götter" vermischten sich mit den Menschen, paarten und vermehrten sich mit den Ureinwohnern, die Erinnerungen an ihre Herkunft und ihre einstige Technologie versanken immer weiter ins Dunkel der Vergangenheit.

All dies könnte die seltsame Tatsache erklären, dass überall auf der Welt oft die größten Bauwerke auch die ältesten sind. Die größten Pyramiden in Ägypten entstanden fast ganz zu Beginn des Pyramidenbaus und wurden dann allmählich immer kleiner.

Der vermeintliche Aufstieg der Menschenkultur war in Wahrheit ein Abstieg, erst langsam tasten wir uns wieder zu einstiger Größe empor.

Mit Hilfe der noch funktionierenden Technik, und vor allem vermittels des technologischen und organisatorischen Wissen der Besucher, werden die Riesenbauten überall auf der Welt errichtet.

Im Laufe der Jahrhunderte zerfallen die letzten Überbleibsel der metallenen technologischen Relikte zu Staub und nur deren steinerne Abbilder bleiben übrig.

Immer wieder versuchen diese Unterdrücker und Lehrmeister der Menschheit die Primitiven zu lehren, sie vermitteln ihnen ihre Kenntnisse und Fertigkeiten. Die Überreste dieses uralten Wissens kann man noch heute in den Mythen und Religionen der Menschheit finden.

Aus den Überlieferungen und kulturellen Spuren lässt sich die Vergangenheit der verschiedenen Völker oft ein wenig rekonstruieren.

Im alten Ägypten beispielsweise hat sich die Nutzung der elektrischen Energie wohl noch relativ lange erhalten, welches man den Glühbirnen von Dendera und den Djed-Pfeilern erkennen kann.

Auf der Osterinsel errichten die Überlebenden einen bizarren Kult, um sich an der Macht zu halten und lassen riesige Steinköpfe nach ihrem Vorbild errichten, in Mikronesien werden mit ihrer Hilfe die künstlichen Inseln von Nan Madol erbaut.

Im heutigen Indien dagegen scheinen Fluggeräte und hoch entwickelte Waffensysteme noch relativ lange in Gebrauch geblieben zu sein.

Hier scheinen sich die „Atlanter“ selbst in einem brutalen Bruderkrieg zerfleischt zu haben. Erleuchtete schwebende Städte kämpften in den Nächten miteinander, die Sterblichen sahen zu den brennenden Himmeln hinauf, sahen, wie Giganten mit überirdischen Waffen miteinander kämpften. Immer wieder wurden dabei Menschen als Kampftruppen und Hilfsarbeiter verpflichtet.

Die „Atlanter“ scheinen oft herrische, rücksichtslose Wesen gewesen zu sein, ein kalter Schauer fasst einen an, wenn man versucht, sich diese vorzustellen. Doch gab es auch immer wieder sanftere Vertreter unter ihnen, welche sich auf die Seite der Menschheit gestellt zu haben scheinen.

Als der Oberkommandant tödlich erkrankt, fasst er den ungeheuerlichen Plan, sich in Kälteschlaf versetzen zu lassen, um sich in späteren Jahrhunderten wiedererwecken zu lassen. Er lässt sich in Gizeh eine gewaltige, pyramidenförmige Trutzburg bauen, in welcher er die Äonen durchdämmert.

Ob sein grotesker Plan gelungen ist? Beinahe scheint es so, als ob Techniker späterer Jahrhunderte ihn wiedererweckt haben und erneut die Götter ihre Herrschaft antraten.

Die letzten Nachkommen der Herrschenden kämpfen noch verzweifelt um ihre Macht, versuchen, die Untertanen einzuschüchtern, mit Abbildern der einstigen „Wunderwaffen“. Nachbauten der einstigen fliegenden Wagen werden in Prozessionen durch die Straßen gezogen, man verehrt steinerne Abbilder der längst verrotteten überirdischen Wunderwaffen.

Man errichtet die steinernen Kalender überall auf der ganzen Welt wie Stonehenge, mit Flaschenzügen, Rollapparaturen und vielleicht auch mit vergessener Levitationstechnik.

Es gibt immer noch einige Überbleibsel fortgeschrittener Medizin, Hirnoperationen scheinen noch lange weitverbreitet gewesen zu sein.

Man bohrte Löcher in Schädel, weil man in Überlieferungen davon gehört hatte, dass dies zu wundersamen Heilungen führen solle.

Erst allmählich, als die armen Kranken immer wieder unter furchtbaren Schmerzen verendeten, gab man diese Technik glücklicherweise auf.

Es gab dann erste Aufstände, welche brutal niedergeschlagen wurden. Die letzten noch funktionsfähigen Flugmaschinen wurden eingesetzt, es kam zu furchtbaren Bombardements

Überall auf der Welt bauten sich die Menschen Bunker und unterirdische Schutzbauten, in welchen sie Schutz vor den schrecklichen Feuerstürmen suchten.

Als ihre Macht immer weiter zu schwinden begann, zogen sich die Götter in ihre Trutzburgen zurück. Sie ließen sich Festungen auf unzugänglichen Felsen bauen, wie Machu Picchu, wo sie sich vor dem Zorn ihrer Untertanen sicher wähnten.

Doch allmählich versiegten die letzten Treibstoffvorräte, die Misqa-Tanks auf Malta wurden nutzlos und allmählich zu Wasserbehältern umfunktioniert, die Landebahnen wurden vom Dschungel überwachsen, die Paläste verfielen.

Es wird ein gespenstischer Augenblick für die grausamen Herrscher gewesen sein, als ihr letzter Generator flackernd den Dienst aufgab, als sie ihre rostenden Waffen mit den letzten Resten Munition luden.

Draußen, vor den Toren ihrer gewaltigen Paläste, beginnen die Völker bereits ihr Haupt zu erheben. Hinter ihren Schutzmauern klammern sich die Herrscher an die Reste ihrer einstigen Macht.

Mit den immer weiter schwindenden Überbleibseln ihres Wissens versuchen sie, die Massen zu beeindrucken, durch Vorhersagen von Sonnenfinsternissen beispielsweise, welche sie in großen Zeremonien als Machtdemonstrationen inszenierten, ein paar verzweifelte Warnschüsse mit der übrig gebliebenen Munition in den sich verdunkelnden Himmel. Noch einmal werden die heiligen Glühbirnen von Dendera präsentiert, ein finaler Flug im Vimana über die verfallenden Tempel.

Als die letzte Patrone verschossen war, der letzte Tropfen Treibstoff verbraucht, beginnt die Rebellion gegen die Götter.

Der Mensch erhebt sein Haupt, mit Steinäxten und Keulen kämpfen sie gegen ihre Herren, sie erobern die Trutzburgen, sie dringen ein in die heiligen Hallen, die ihnen jahrhundertelang verboten waren. Sie stürmen in die unterirdischen Laboratorien, in welchen an ihren Vorfahren experimentiert wurde. Sie zerschmettern die Generatoren, sie reißen die Maschinentafeln von den Wänden.

Dies geschah nicht überall auf der Welt zur gleichen Zeit. Es scheint so, als ob einzelne Teile der Flugflotte vor allem im heutigen Indien noch lange einsatzbereit waren und den anderen „Atlantern" zu Hilfe kamen. Auch im heutigen Europa wurden immer wieder Einsätze geflogen, doch hier sind die Spuren von Fluggeräten deutlich geringer als in Asien.

Das Zeitalter der Technik-Götter geht allmählich zu Ende, die Völker verlassen die sinnlos gewordenen Städte, diese werden vom Dschungel verschlungen, die Standbilder verwittern und versinken in Staub.

Die Leichen der einstigen Herren liegen blutend auf den Altären, auf denen ihnen einst geopfert wurde. Die letzten Relikte der versunkenen Hochkultur zerfallen zu Nichts.

Die Geschichten aus den alten Tagen werden immer mehr zu Märchen, zu Mythen, nachts am Lagerfeuer erzählt.

Ich stelle mir vor, wie ein alter, rostiger Generator auf den Altären noch verehrt wurde, wie die Priester beteten, er möge erneut seine Macht entfesseln und Licht bringen in die Dunkelheit.

Ich sehe vor mir, wie ein Maschinengewehr, ohne Munition und funktionsunfähig, in einer heiligen Prozession durch die Straßen getragen wird, wie im heutigen Indien eine Pilotenmaske mit Atemschlauch in den Tempeln als Kopf eines Gottes verehrt wird.

Einstige Landebahnen geraten in Vergessenheit, die Schutzbauten werden zu Tempeln und zu Grabmälern umfunktioniert.

Doch der Triumph des Sieges verblasst schon bald, und man beginnt zu hoffen, dass die himmlischen Herrscher wiederkehren mögen. In den kalten Wintern hofft man auf ihren Segen, wenn man sterbenskrank daniederliegt, betet man um ihre Wunderkräfte.

Dieser Aufstand gegen die Götter, dieser Mord an den „Übervätern“ war der eigentliche Ursprung unserer heutigen menschlichen Kultur. Überall bewahrt sich der Glaube an ein einstiges Paradies, an ein vergangenes goldenes Zeitalter, an allmächtige Wesen, die aus dem Himmel wiederkehren werden.

In Ägypten versucht man, die Baukunst der einstigen Herrscher nachzuahmen und errichtet überall Grabpyramiden.

Man erreicht bei weitem nicht mehr die Großartigkeit der früheren Prachtbauten, immer kleiner und unspektakulärer werden die Grabmäler, die alten Fertigkeiten geraten immer mehr in Vergessenheit.

Die unterirdische Kommandozentrale auf Malta wurde von den staunenden Primitiven, die durch die verlassenen Hallen irrten, nach Jahrhunderten wieder entdeckt. Sie standen unwissend vor den nutzlos gewordenen Schalttafeln, drückten längst unnütz gewordene Knöpfe, drehten an allmählich zu Staub zerfallenden Reglern.

Vermutlich fanden die Menschen dort noch die Leichen der einstigen Herrscher vor, welche wahrscheinlich im Aufstand der einstigen Knechte einer Belagerung zum Opfer fielen. Hiervon inspiriert, wurde dann in diesen unterirdischen Hallen ein Begräbniskult errichtet.

Über Jahrhunderte wurden all diese Gebäude völlig anders genutzt, als es deren eigentliche Bestimmung gewesen war. Spätere Wissenschaftler fanden dann Relikte dieser viel späteren Verwendung vor und datierten so die Anlagen um Jahrtausende zu jung.

Überall auf der Welt bleiben Überreste des einstigen Wissens erhalten, die physikalischen Theorien, welche die Lehrmeister einstmals ihren Geliebten nachts im Weinrausche zu erklären versuchten, wurden zu Mythen und Legenden.

Die einstigen Schutzhelme der fremden Herrscher werden zu den Kopfbedeckungen der Götter und Pharaonen, auch die unglückseligen Mischwesen erhalten sich in den Überlieferungen der Menschheit.

Eine lange Dunkelheit senkte sich über die Welt.

Der düstere Glanz, der einst herrschte, fiel dem Vergessen anheim. Die verfallenden Riesenbauwerke der „Atlanter“ verschwanden teilweise auf Jahrhunderte völlig aus dem Bewusstsein der Menschheit, wie die Höhlen von Huangshan.

Andere wurden allmählich von den Menschen in Besitz genommen und für ihre eigenen Zwecke verwendet.

Um die Pyramiden von Gizeh entstand der bizarre Kult der Mumifizierung, die erste „Mumie“ der Weltgeschichte war möglicherweise der größenwahnsinnige Kommandant, welcher tief im Inneren der Großen Pyramide die Jahrtausende zu durchdämmern trachtete.

Irgendwann, als die Schutz- und Wacheinrichtungen der Pyramide längst ihren Dienst aufgegeben hatten, drangen die Menschen endlich ein in diesen geheimnisumwitterten Palast der Ewigkeit, wahrscheinlich zur Zeit der Regentschaft des Pharao Cheops. Mit Fackeln und Spitzhacken arbeiteten sie sich vor bis tief ins das Innere des gewaltigen Bauwerks. Sie erbrachen die Schotten, welche die Innere Kammer, die sogenannte „Königskammer“, vor der Außenwelt schützen sollten. Drinnen fanden sie die Apparaturen vor, die den Kommandanten in künstlichen Kälteschlaf versetzten.

Möglicherweise funktionierte der Mechanismus sogar noch, und es gelang ihnen, den schlafenden Gott wiederzuerwecken.

In der sogenannten „Großen Galerie“ waren die technologischen Einrichtungen untergebracht, welche zum Betrieb der Kälteschlafkammer nötig waren.

Welch ein Anblick muss dies gewesen sein, als sich zischend der metallene Deckel der Kältekammer über dem leblosen Kommandant hob, in seinem medizinischen Schutzanzug dem Schmuckgewand der späteren Pharaonen ähnelnd. Vielleicht startete ein automatisches Erweckungsprogramm, und der Gott blickte nach dem Aufwachen in die Augen der Nachkommen seiner einstigen Untertanen. Möglicherweise nahmen sie grausame Rache für die einstige Unterdrückung. Möglicherweise trat der sterbende Gott auch noch einmal kurz die Herrschaft an. Gelang es diesem letzten der einst allmächtigen Herrscher noch einmal, seine Untertanen einzuschüchtern? Oder wurde er, ohnehin dem Tod geweiht, ermordet?

Nach dem als gescheitert anzusehenden Versuch, die Israeliten als neues Sklavenvolke zu gewinnen, scheinen auch die letzten Vertreter der einstigen Herrscher ausgestorben zu sein. Die letzten noch funktionierenden Apparaturen versagen endgültig den Dienst.

Die Zeit der Götter lief ab, unerbittlich und ohne Wiederkehr.

Irgendwann tat der letzte der Nachkommen des Herrschergeschlechtes seinen letzten Atemzug, die Götter verließen die Erde, und das Zeitalter des Menschen brach an.

Überall auf der Welt versuchten die Sterblichen die Wunderkraft der Allmächtigen nachzuahmen, die einstige Macht wiederzuerwecken.

Die Inka verehrten die „Atlanter" als die großen Kulturbringer, von weißem Antlitz und bärtig. In Quetzalcoatl, der gefiederten Himmelschlange, wurden die einstigen Fluggeräte angebetet.

Aus dem Tod der Götter wurde die menschliche Kultur geboren.

Und wie ein fernes Echo der Vergangenheit hallt noch heute der Klang dieser verflogenen Jahrtausende durch unsere flüchtige Gegenwart.

Visionen der Vergangenheit

SOUNDTRACK: *„Progeny" von Lisa Gerrard*

So schließt sich der seltsame Zirkel der Menschheitsentwicklung: Das, was in (vielleicht gar nicht einmal so) ferner Zukunft geschehen wird, der Untergang der Zivilisation, die Vergötterung der Maschinen, die Unterdrückung der Schwächeren durch überlegene Technik, all dies geschah exakt so in unserer Vergangenheit. Der Blick in die fernen Jahrtausende wird so zu „Erinnerungen an die Zukunft", und die Visionen der Vergangenheit werden zu (Alp-)Träumen von dem, was kommen wird.

All diese Überlegungen führen mich zu einer seltsamen Phantasterei.

Das Atom-Modell, bei dem ein Kern von Protonen von verschiedenen Elektronen umkreist wird, ähnelt merkwürdig genau unserem Sonnensystem, mit den Planeten, welche die Sonne umkreisen.

In der Mitte befindet sich der Atomkern, welcher auf „Umlaufbahnen" von Elektronen umkreist wird. Auch wenn dies nur ein Modell ist, kommt einem unwillkürlich der Gedanke: Ist unser Sonnensystem mit seinen riesigen Sternsystemen in einem „höheren" Kosmos ein winziges Partikelchen? Ist unsere Erde nur ein winziges Elektron, das den Atomkern der Sonne umkreist?

Und ist dieses gigantische „Hyper-Universum", in welchem unsere Abermilliarden von Galaxien nur ein winziges Sandkorn sind, wiederum nur der winzige Teil eines noch größeren Kosmos und so weiter und so fort?

Und verhält sich dies im Reich des Winzigen vielleicht ebenso? Werden die winzigen Elektronen, welche die vermeintlich festen Gegenstände unseres Universums bilden, vielleicht von Wesen bewohnt, die wie wir zu den Sternen emporblicken? Und ist deren Leib wiederum zusammengesetzt aus Elektronen, die von noch winzigeren Wesen bewohnt sind und geht dieses Ineinanderschachteln vielleicht fort bis in die Unendlichkeit?

Ist jedes Universum nur ein winziges Teilchen eines höheren Kosmos? Wird das kleinste Sandkorn am Ufer des Meeres aus Abermilliarden von Universen gebildet? Hat Hamlet mit seinem Satz mehr recht als er denkt: „O Gott, ich könnte in eine Nussschale eingesperrt sein und mich für einen König von unermesslichem Gebiete halten". (11) Ist unser Kosmos nicht mehr als eine Nussschale, schwimmend im Meer der Unendlichkeit?

Und wer weiß, vielleicht verhält es sich mit der Entwicklung auf unserem Planeten ähnlich. Vielleicht gab es schon eine Vielzahl von hochentwickelten Zivilisationen auf dem Erdball, welche, kaum Spuren hinterlassend, immer wieder untergingen. Und es erhoben sich aus den Ruinen der untergegangenen Reiche immer wieder aufs Neue die intelligenten Wesen und ahnten nichts von ihren längst verschwundenen Vorfahren.

Wer kann es ahnen, wie oft bereits die menschliche Zivilisation sich selbst ausgelöscht hat und wie viele Male bereits das Rad der Zerstörung sich im Laufe der Jahrtausende gedreht hat. Erhob sich der Mensch schon öfter aus der Asche ihrer verbrannten Reiche und strebte aufs Neue an die Sterne empor?

Unsere menschliche Zivilisation existiert vielleicht einige zehntausend Jahre auf der Erde, ein Wimpernschlag angesichts des Ozeans an Zeit, in welchem die Erde sich bereits in bewohnbarem Zustand befindet.

Es gibt immer wieder Funde, welche auf zivilisatorische Spuren vor Urzeiten auf der Erde hinweisen, beispielsweise das rätselhafte Aluminiumobjekt von Auid: 1974 stießen rumänische Arbeiter auf ein Objekt, das eindeutig aus einer modernen Aluminiumlegierung besteht. Seltsamerweise befand sich dieses Objekt in einer Gesteinsschicht, welche dieses modern anmutende Objekt bereits vor mehreren Jahrtausenden umschlossen haben muss, sogar den Schenkelknochen eines Mastodon fand man darin.

Gab es schon eine Vielzahl von Zivilisationen auf der Erde, welche beinahe spurlos untergingen? Und welches Schicksal ist wohl unserer heutigen Zivilisation bestimmt? Wer würde wetten darauf, ob in 1.000 Jahren die Menschheit sich nicht selbst ausgerottet hätte. Oder in 10.000 Jahren? 100.000?

Und vielleicht wird dieses ewige Erblühen und Vergehen der Zivilisationen immer weiter gehen, bis irgendwann einmal die Sonne müde verlöschen wird, ein ewiges Pulsieren von Aufstieg und Untergang, von Erblühen und Ersterben.

Wie viele Dichter, einem Shakespeare ebenbürtig, mag es schon gegeben haben, deren Werke keiner mehr kennt, wieviel Wissenschaftler, Helden, Kriegsherren, deren Standbilder versunken sind im Meer der Ewigkeit?

Damit geht unsere vielleicht etwas obskure Reise durch die Mythen der Menschheit zu Ende, unser Weg hinunter in die Kellergewölbe der menschlichen Geschichte, durch überwachsene Dschungeltempel, durch unterirdische Gänge des Verstandes und Hintertüren der Wirklichkeit.

Doch die Suche nach dem versunkenen Königreich geht weiter. Im Jahr 2020 werden wir die Ruinen auf dem Meeresgrund vor Sri Lanka erforschen, um dort weitere Hinweise auf die vergessene Hochzivilisation zu finden.

Ein wenig muss ich selber schmunzeln über manche vielleicht etwas wirre Spekulation von mir, aber Phantasieren ist nicht verboten.

Selbst so alle Theorien von Erich von Däniken, Zecharia Sitchin und all den anderen Forschern des Verborgenen Unsinn sein sollten, falsch und unzutreffend, so haben sie doch eine Vielzahl von Menschen dazu gebracht, sich mit den Überlieferungen der Azteken zu beschäftigen, die Pyramidentexte zu lesen, das Gilgamesch-Epos nach Hinweisen auf Außerirdische zu durchforsten, ihren Geist, ihre Phantasie zu gebrauchen, zu träumen, zu spekulieren.

Keiner wurde je gezwungen, die phantasievollen und kenntnisreichen Bücher von Erich zu Däniken zu lesen, anders als bei den religiösen Texten, die Millionen von Menschen ungefragt in der Schule „aufgedrängt“ werden.

Wem tuen diese Theorien weh? Niemanden, außer religiösen Eiferern, welche den Glauben an ihren unfehlbaren Gott nicht hinterfragen lassen wollen.

Aber viele haben sie dazu veranlasst, selbst ihren Verstand zu gebrauchen, zu hinterfragen, zu spekulieren.

Vielleicht können wir lernen daraus, dass keine Herrschaft jemals von Ewigkeit ist, dass selbst die Allmacht endlich ist, wenn sie ungerecht und tyrannisch ist, dass sich die Knechte erheben werden gegen ihre Herren. Vielleicht können wir lernen, dass selbst die Götter einmal sterben müssen, dass die Menschheit sich nicht zu ernst nehmen sollte, und dass alles vergänglich ist, außer den Träumen und der Sehnsucht.

Über den Autor

Thorsten Morawietz ist Theaterregisseur, Autor und Schauspieler, näheres unter www.diedramatischebuehne.de

QUELLEN:

(1) Hubert Zeitlmair: „Die Säulen von Atlantis - Malta“, erschienen im Ancient Mail Verlag, 2001.

(2) Alle Zitate nach „Das Ramayana des Valmiki“, deutsche Komplettübersetzung (2006-2008) basierend auf der Übersetzung aus dem Sanskrit in englische Verse (1870-1874) von Ralph Thomas Hotchkin Griffith (1826-1906)

(3) Erwin Schrödinger, „Die gegenwärtige Situation in der Quantenmechanik. § 5. Sind die Variablen wirklich verwaschen?“, „Mein Leben, meine Weltansicht“ erschienen 2006 bei dtv.

(4) „Totem und Tabu“, Sigmund Freud, Freud-Studienausgabe, S. Fischer Verlag GmbH

(5) Daisetz T. Suzuki: „Das Zen-Kōan. Weg zur Erleuchtung“. Herder, Freiburg i.Br. 1996

(6) „Underworld“ von Graham Hancock, erschienen 2002 bei Three Rivers Press, Random House

(7) Alle Zitate nach „Die Reise in den Westen“, in der Übersetzung von Eva Lüdi Kong, erschienen 2016 im Verlag Philipp Reclam Jun.

„Lektionen der Stille: Klassische Zen-Texte“, erschienen 2007 bei dtv.

(8) Arthur C. Clarke „The reefs of taprobane“, erschienen 1956 bei ibooks.

(9) „Was ist falsch im Maya-Land“, Erich von Däniken, Kopp Verlag, 2011

(10) „Die Bibel“ in der Übersetzung von Martin Luther, herausgegeben von Deutschen Bibelgesellschaft 2014

(11) William Shakespeare „Gesammelte Werke“, im Anaconda Verlag, erschienen 2013

Grafische Gestaltung: Sagmeister & Zbeg

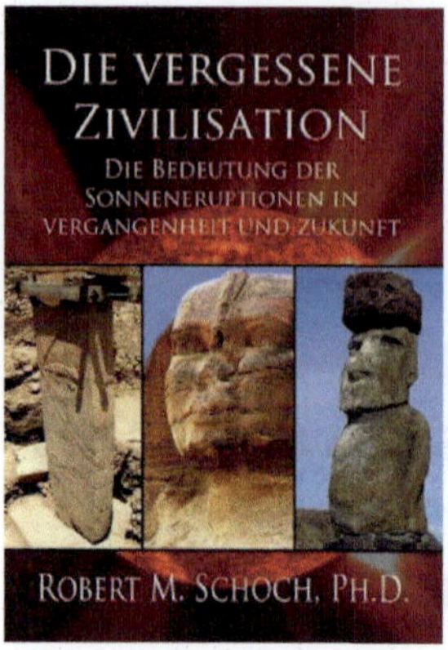

Robert M. Schoch, Ph.D.

Die vergessene Zivilisation

Die Bedeutung der Sonneneruptionen in Vergangenheit und Zukunft

ISBN 978-3-95652-078-5, Din A5, Paperback,
423 Seiten, 25 s/w-Abbildungen,
14 Farb-Abbildungen, **€ 22,80**

Das plötzliche Erscheinen von Zivilisation im Jahre 3000 v. Chr. stellt nicht das erste Auftauchen einer Zivilisation dar. Eher ist es das erneute in Erscheinung treten einer Zivilisation nach ungefähr 5.000 oder mehr Jahren. Natürlich gibt es erwiesenermaßen eine Kultur in der Zeit von 10000 v. Chr. bis 9000 v. Chr., also tausend Jahre früher als die Ägyptische Dynastie und ihre Zeitgenossen in Mesopotamien und dem Industal.

Dieses früheste Erblühen einer Zivilisation wurde im Allgemeinen von der Menschheit vergessen, obwohl Hinweise darauf immer noch in Heiligen Inschriften, überlieferten Legenden und uralten Texten gefunden werden können.

Der Garten Eden, Erzählungen über ein Goldenes Zeitalter und Platos Erzählungen über Atlantis könnten alle als Referenz für diese ursprüngliche Zivilisation dienen. Jetzt ist es an der Zeit, ihr Erbe anzutreten.

Johannes Horn

Das Rätsel von Malta

Die Cart Ruts geben ihr Geheimnis preis

ISBN 978-3-935910-39-2, Paperback,
420 Seiten, 247 s/w-Fotos, 19 s/w-Skizzen,
€ 20,50

Die Cart-Ruts – Straßen in eine vorsintflutliche Vergangenheit

Die rätselhaften Cart-Ruts von Malta, seit 200 Jahren Gegenstand wissenschaftlicher Untersuchungen wie auch wilder Spekulationen, wurden jetzt neu aus technischer Sicht begutachtet und das Geheimnis ihrer einstigen Entstehung und Bestimmung gelüftet.

Die Cart-Ruts sind einst von Menschen erzeugte Spuren, ihre Entstehung vor über 13.500 Jahren wirft jedoch neue Fragen auf. Sie sind nun zwar technisch zu erklären, aber sie sind gerade deshalb nicht mehr länger ein steinzeitliches, sondern ein vorsintflutliches Rätsel.

Der Autor weist mit technisch-wissenschaftlichen Kenntnissen und Stringenz nach, daß hier entgegen schulwissenschaftlicher Auffassung Stahlwerkzeuge und sogar Maschinen eingesetzt worden sind.

Das Begreifen dieser Tatsache fordert zuerst und vor allen weiteren Fragen die eingehende Beschäftigung mit dem größten Kataklysmus, welcher der Menschheit je widerfahren ist.

Einer der Schwerpunkte dieses Buches liegt deshalb in der Darstellung der Entstehungsursachen und des Ablaufes speziell dieser Katastrophe. Um sie genau zu identifizieren, war sie von den vielen anderen im Laufe der Erdgeschichte deutlich abzugrenzen.